工程测量实验教程

主编 王宇会

GONGCHENG CELIANG SHIYAN JIAOCHENG

武汉大学出版社

图书在版编目(CIP)数据

工程测量实验教程/王宇会主编.—武汉:武汉大学出版社,2016.8(2024.7重印)
ISBN 978-7-307-18474-9

Ⅰ.工… Ⅱ.王… Ⅲ.工程测量—实验—教材 Ⅳ.TB22-33

中国版本图书馆 CIP 数据核字(2016)第 181823 号

封面图片为上海富昱特授权使用(ⓒ IMAGEMORE Co., Ltd.)

责任编辑:黄汉平　　责任校对:汪欣怡　　版式设计:马　佳

出版发行:武汉大学出版社　(430072　武昌　珞珈山)
（电子邮箱:cbs22@whu.edu.cn　网址:www.wdp.com.cn）
印刷:湖北云景数字印刷有限公司
开本:787×1092　1/16　印张:7.5　字数:172 千字　插页:1
版次:2016 年 8 月第 1 版　2024 年 7 月第 6 次印刷
ISBN 978-7-307-18474-9　定价:29.00 元

版权所有,不得翻印;凡购买我社的图书,如有质量问题,请与当地图书销售部门联系调换。

前　言

《工程测量》或《测量学》是土木工程等工科专业必修的专业基础课程。除理论教学外，通常还需要同时开设测量实验与测量实习。

随着科学技术的进步和测绘仪器的发展，当今各种工程建设中已普遍使用全站仪、电子水准仪等现代测量仪器，传统的以光学水准仪和光学经纬仪为主要实验工具的测量实验指导书已经不能适应现代教学的需要。逐渐减少理论课学时、大力加强实践性教学环节，是当前各高校各专业修订教学计划和培养方案时的基本要求，在这种情况下，有关测量仪器操作的教学内容一般只能安排在实验或实习之中。由于全站仪等光电测量仪器型号众多，使用方法不尽相同，而高校测量实验室往往拥有多种型号的仪器，因此，编写一本与现代工程测量教学相适应、包含所有常设实验项目及若干种全站仪使用方法的实验教程，很有必要。

《工程测量实验教程》主要用于指导和开展测量实验教学。教程中所列实验项目有利于加强实践性教学环节，有利于加深学生对课堂知识的理解，有利于提高学生的动手能力。

本书还配有实验报告一本，用于实验的数据记录、计算及总结，是评定实验成绩的基础资料和依据。

本书可作为测绘工程、土木工程、道路桥梁与渡河工程、交通运输、城市地下空间工程、环境工程、土地资源管理、工程管理、城市规划、给排水科学与工程等专业的测量实验教材，各专业可根据实际学时数或仪器设备条件选做部分或全部实验项目。也可供测量工程技术人员参考。

本书得到广东省高等学校专业综合改革试点项目(2014，ZHGG001)、广东省高等学校大学生实践教学基地建设项目(2014，SJJD002)、广东省"质量工程"建设教学改革项目(2014，2015)、广东工业大学本科实验教学改革与研究项目(2015，2015SY15)的资助，在此一并致谢。

本书是广东工业大学测绘工程系教师多年来从事测量实验课程教学的总结，测绘工程系全体老师给出了很多宝贵的意见与建议；定稿时，蒋利龙教授、张兴福副教授进行了认真审核；编写过程中得到了实验室教师的大力帮助；测绘专业的部分同学在采集图片和验证操作过程方面给予了很大帮助，在此一并致谢。

由于时间和水平有限，书中不当之处，恳请使用本教材的师生及其他读者批评指正，以便重印或再版时修正。

编者
2016年6月

目 录

第一部分　工程测量实验须知 ·· 1
　一　实验课程的基本规定 ·· 1
　二　仪器使用的基本规定 ·· 1
　三　外业记录与内业计算的基本规定 ·· 3

第二部分　实验项目 ·· 4
　实验一　　水准仪的认识与使用 ·· 4
　实验二　　普通水准测量 ·· 8
　实验三　　四等水准测量 ·· 10
　实验四　　水准仪的检验与校正 ·· 13
　实验五　　电子水准仪的认识与使用 ·· 17
　实验六　　经纬仪的认识与使用 ·· 22
　实验七　　水平角测量（测回法） ·· 25
　实验八　　水平角测量（方向法） ·· 27
　实验九　　竖直角测量 ·· 29
　实验十　　全站仪的认识与使用 ·· 30
　实验十一　全站仪的检验与校正 ·· 33
　实验十二　经纬仪测绘法测绘地形图 ·· 38
　实验十三　数字测图数据采集 ·· 40
　实验十四　点平面位置的测设 ·· 42

第三部分　全站仪使用说明 ·· 46
　一　南方 NTS312L 全站仪使用说明 ·· 46
　二　南方 NTS302H 全站仪使用说明 ·· 52
　三　Leica TC307 全站仪使用说明 ··· 57
　四　Leica TC600 全站仪使用说明 ··· 61
　五　Leica TC402 全站仪使用说明 ··· 64
　六　中海达 ATS-320R 全站仪使用说明 ····································· 67

第一部分　工程测量实验须知

理论教学、实验教学和实习教学是工程测量课程的三个重要教学环节。坚持理论与实践的紧密结合，认真进行测量仪器的操作应用和测量实践训练，才能真正掌握工程测量的基本原理和基本技术。

一　实验课程的基本规定

（1）实验课前，应认真阅读理论课程教材中的有关内容并预习本教材中的相应项目知识：了解实验的内容、方法及注意事项，尤其对于综合性实验应在课前做好充分的准备工作，以保证按时、按质、按量地完成实验任务。

（2）实验课程分小组进行，上课前学习委员应向实验教师提供分组名单，确定小组长，小组长负责办理仪器工具的借领和归还手续。

（3）上课时任何人不得无故缺席或迟到，遇特殊情况需请假者，应在上课前写好请假条，并由有关人员（事假由班主任或辅导员、病假由校医院医生）签字后，交给班长，由其在上课前交给实验教师。凡课后补假条者一律视为旷课，实验教师视情节扣除缺席或迟到者一定的实验成绩。

（4）实验是集体学习行动，应在指定场地进行，不得随意变更实验地点，自选场地的实验（如水准仪的认识与使用），应尽量靠近实验室，以方便仪器的借还。

（5）操作前，应仔细观看实验教师的示范操作。操作仪器时，如遇问题及早向教师提出，不得擅自处理。

（6）实验时需严格按操作规程进行，如遇违反操作规程或疏忽大意而引起仪器损坏的情况，相关操作人员应负责修理或赔偿，并扣除其当次实验成绩。

（7）实验结束时，应检查数据是否齐全并进行必要的计算，确保实验数据满足要求，再将仪器工具归还实验室。

（8）实验报告是学生向教师反映实验情况的实物资料。课程结束后，应认真填写实验报告中的所有项目，字迹要规范整齐，不得潦草书写。

（9）课程结束后，应认真总结实验中存在的问题、是否达到规定的精度要求以及实验后的收获，并将上述情况如实地填写在实验报告的总结说明中。

（10）按时向实验教师提交实验报告。

二　仪器使用的基本规定

测量仪器或是精密的光学设备，或是光、机、电一体化的贵重设备。对仪器的正确使用、精心爱护和科学保养，是测量人员必须具备的基本素质，也是保证测量成果质量、提高工作效率的必要条件。在使用测量仪器时，应养成良好的工作习惯，严格遵守下列规则：

1. 借领与归还仪器

(1)实验课前，各小组长带一至两名成员至实验室领取实验所用仪器工具，清点数目并视检无问题后，在借领栏签名。

(2)实验结束后，各小组成员应将所有仪器工具归还实验室，并向教师反映仪器使用情况；教师检查无问题后，在归还栏内签名。

2. 携带仪器

首先检查仪器箱是否扣紧，拉手和背带是否牢固，确保无误后再提仪器，以防止"箱扣不严仪器滑出或背带不牢仪器掉落"等情况发生。

3. 安装仪器

(1)安放仪器的三脚架必须稳固可靠，特别注意伸缩腿要稳固。

(2)打开仪器箱时，应使其放置平稳，以免摔坏仪器；开箱后，应仔细观察并记清仪器在箱内的安放位置，以便使用完毕能按原样放回，避免因放错位置而损伤仪器。

(3)从仪器箱提取仪器时，应先松开制动螺旋，用双手握住仪器支架或基座，放到三脚架上。一手握住仪器，一手拧连接螺旋，直至拧紧。

(4)仪器取出后，应立即关好箱盖，以防灰尘和湿气进入。不准在仪器箱上坐人或踩在仪器箱上观测。

4. 使用仪器

(1)仪器安装在三脚架上后，无论是否观测，观测者必须守护仪器。

(2)晴天应撑伞，给仪器遮阳。雨天禁止使用仪器。

(3)仪器镜头上的灰尘、污痕，只能用软毛刷和镜头纸轻轻擦去。不能用手指、手帕或其他物品擦拭，以免磨坏镜面。

(4)制动螺旋和微动螺旋要配合使用：拧紧制动螺旋后微动螺旋才起作用；使用微动螺旋至尽头仍不能达到要求时，应将制动打开，旋至另一侧，再将微动反向旋转。

(5)旋转仪器各螺旋要有手感。使用时，制动螺旋不要拧得太紧，微动螺旋不要旋转至尽头，以防滑扣或松脱。

(6)使用过程中，来回走动时注意不要碰到三脚架架腿，以防止碰动仪器。

5. 搬迁仪器

(1)贵重仪器或远距离搬站时，必须把仪器装箱，平稳运输，严禁将仪器置于自行车后架上骑车前进。

(2)近距离搬站时，应先检查连接螺旋是否旋紧，松开各制动螺旋，然后收拢三脚架，一手握住仪器基座或照准部，一手抱住脚架，稳步前进。严禁将脚架收起后，横扛在肩上进行搬迁。

6. 仪器装箱

(1)从三脚架上取下仪器时，先松开各制动螺旋，一手握住仪器基座或支架，一手拧松连接螺旋，双手从架头上取下仪器装箱。

(2)在箱内将仪器正确就位后，拧紧各制动螺旋，关上箱盖并扣紧。

(3)全站仪、电子水准仪等电子仪器，装箱前必须关闭电源。

7. 使用其他工具的注意事项

（1）作业时，水准尺、标杆应由专人认真扶直。不观测时，应将其平放在地面上，并由专人看管；严禁将其贴靠在树上、墙上或电线杆上，以免摔坏。

（2）水准尺、棱镜杆等禁止横向受力，以防弯曲变形。

（3）携带水准尺、棱镜杆和三脚架等前进时，不准拖地而行。

（4）使用皮尺（或钢尺）时，应避免沾水。若受水浸，应晾干后再卷入盒内。收卷时，切忌扭转卷入。

（5）使用钢尺时，应防止扭曲、打结，防止行人踩踏或车辆碾压，以免折断钢尺。携尺前进时，应将尺身提起，不得沿地面拖拽，以免尺面分划磨损。使用完毕，应将钢尺擦净并涂油防锈。

（6）小件物品（如小钢尺、皮尺、尺垫等）使用完毕，应立即收好，以防遗失。

三　外业记录与内业计算的基本规定

记录是野外观测的第一手资料，是内业计算的数据来源，应做到规范、整齐、真实、原始；严禁伪造、重抄或涂改数据。内业计算的目的是检核外业观测成果是否满足规范要求并求得点位坐标。具体要求如下：

（1）观测数据在规定的表格中现场记录。记录应采用 HB 或 2H 硬度的铅笔，同时熟悉表上各项内容的填写、计算方法。

（2）记录观测数据前，应将表头的测站、照准点等信息如实填写齐全。

（3）记录时书写字体应端正、清晰，严禁所写数据模糊不清、模棱两可。

（4）观测员读数后，记录员应复诵观测数据；观测员无异议后，再将其填写在记录表的相应栏内。

（5）记录数字应写在记录方格靠下的位置，以便留出空隙做更正。

（6）记录数字应齐全，不得省略零位。如水准尺读数 1.000 及角度记录中的 0°00′00″中的 0 均不能省略，且分和秒不足两位数时应用 0 补齐，如 6°06′06″。

（7）观测值的尾数（角度测量的秒值、水准测量及距离测量的厘米及毫米等）有错误时，不管什么原因均不得更改，而应将该测站或该测回观测结果废弃重测。

（8）任何原始记录不得涂擦。对错误的原始记录，应仔细核对后以单线划去（如 1.326），在其上方填写更改后的数字，并在备注栏内注明原因："测错"或"记错"，计算错误不必标注。对作废的记录，亦用单线划去，并注明原因及重测结果记于何处，重测记录应在备注栏内加注"重测"二字。

（9）同一测站（或测回）内，不得有两个相关数据连环改正。例如，改"平均数"则不准再改任何一个原始数据；若两个数据均错，则应重测重记。

（10）记录员应兼做必要的计算，发现不符合限差要求的数据，应及时告知观测员，查找原因后立即重测。记录完一测站（或一测回）的数据，应在当场进行必要的计算和检核，确认无误后才能搬站。

（11）内业计算按"四舍六入、五前单进双舍（或称奇进偶不进）"的取舍规则进行尾数的取舍。如数据 1.1235 和 1.1245 小数点后保留三位时，均应为 1.124。

第二部分　实验项目

实验一　水准仪的认识与使用

一、实验目的

(1) 认识 DS3 型微倾式水准仪的构造，了解各部件的作用及使用方法。
(2) 了解水准尺的刻画方法；掌握 DS3 型微倾式水准仪的使用及读数方法。
(3) 掌握高差测量的方法。
(4) 掌握利用水准仪测量视距的方法。

二、实验要求

(1) 了解 DS3 型微倾式水准仪各部件的名称及作用。
(2) 练习水准仪的基本操作。
(3) 每人自选 2 点进行高差及视距测量。
(4) 同一点黑红面中丝读数差应不大于 5mm。
(5) 对观测数据进行正确处理。

三、实验设备

DS3 型微倾式水准仪及脚架、双面水准尺、尺垫。

四、实验步骤

1. 安置仪器

张开三脚架，使其高度在胸口附近，架头大致水平，并将三个脚尖踩实，然后一手扶仪器一手旋转连接螺旋将仪器连在三脚架上。

2. 认识仪器构造

DS3 型微倾式水准仪如图 2-1 所示。
各部件的作用如表 2-1 所示。

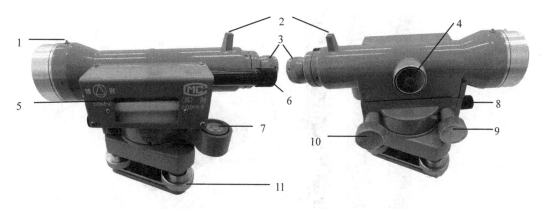

1—准星 2—照门 3—目镜调焦螺旋 4—物镜调焦螺旋 5—管水准器 6—符合水准器观察窗
7—圆水准器 8—制动螺旋 9—微动螺旋 10—微倾螺旋 11—脚螺旋

图 2-1　DS3 型微倾式水准仪

表 2-1　　　　　　　　　　**DS3 型微倾式水准仪主要螺旋的作用**

部件名称	作　　用
目镜调焦螺旋	调节十字丝的清晰度
物镜调焦螺旋	调节物像的清晰度
水平制动螺旋	固定望远镜位置
水平微动螺旋	使望远镜在水平方向做少量旋转
脚螺旋	调平圆水准器，使仪器粗略水平
微倾螺旋	使望远镜在竖直方向有少量倾斜，从而使仪器精确水平

3. 认识水准尺和尺垫(图 2-2)

双面水准尺的一面为黑面，另一面为红面；两把水准尺的黑面尺底均为 0.000m；红面尺底，一个为 4.687m，另一个为 4.787m；尺身每个黑/红格和每个白格的宽度均为 1cm，E 字最底端为整分米处，并标有注记。尺垫的作用是在测量中减小或防止水准尺下沉。

4. 粗略调平(粗平)

如图 2-3 所示，先对向转动两只脚螺旋(图中 1、2)，使圆水准器气泡向中间移动，再转动另一只脚螺旋(图中 3)，使气泡移至居中位置(注意：气泡的移动方向与左手大拇指的运动方向相同)。

5. 照准

①对着明亮的背景，转动目镜调焦螺旋，使十字丝清晰。②松开制动螺旋，转动仪器，用准星和照门照准水准尺，拧紧水平制动螺旋。③调节物镜调焦螺旋，使水准尺成像清晰。④转动微动螺旋，使十字丝竖丝对准水准尺。

6. 眼睛上下移动检查有无视差

若有，反复调节物镜调焦螺旋和目镜调焦螺旋，至视差消除。

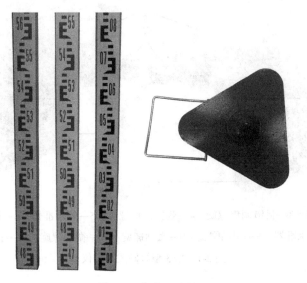

图 2-2 水准尺及尺垫

图 2-3 粗略调平

7. 精平与读数

观察水准管气泡观察窗,若水准管气泡两端的影像未对齐(如图 2-4 左图所示),转动微倾螺旋使其吻合(如图 2-4 右图所示),视线处于精确水平状态。在同一瞬间立即用中丝直接在水准尺上读取米、分米、厘米,并估读毫米(如图 2-5 所示,左图黑面中丝读数为 1.570m,右图红面中丝读数为 6.257m)。读完后立即检查符合气泡是否仍然对齐,如果是则记录该数值,否则应重新读数。

8. 高差及视距测量

每人自选两点(A、B),组员协助在点上竖立水准尺。仪器照准水准尺,分别读取其黑面上、中、下三丝和红面中丝读数,同一点黑、红面中丝读数差应满足要求。

五、数据处理

1. 黑红面读数差的计算

$$\Delta = a_{黑} + K - a_{红} \tag{2-1}$$

式中,$a_{黑}$、$a_{红}$ 分别为 A 点水准尺的黑红面中丝读数,K 为黑红面零点差(4.687 或 4.787)。B 点黑红面读数差的计算与 A 点相同。

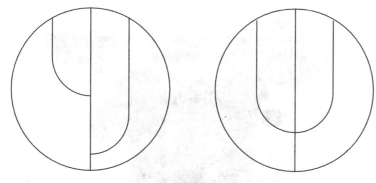

图 2-4 符合水准器影像

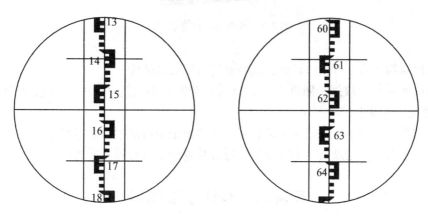

图 2-5 水准尺读数

2. 高差的计算

$$h_{AB} = a - b \tag{2-2}$$

式中，a、b 分别为 A、B 两点水准尺的中丝读数。

3. 视距的计算

$$S = |l_下 - l_上| \times 100 \tag{2-3}$$

式中，$l_上$、$l_下$ 分别为同一点水准尺黑面上、下丝读数。

六、注意事项

(1) 不要在没有消除视差的情况下进行读数。

(2) 粗平并照准水准尺后，查看符合水准器时，若看不到水准管气泡两端的影像，应先在仪器外侧察看管水准气泡的位置(图 2-6)，再旋转微倾螺旋使管水准气泡向中间移动，当气泡靠近中间时即可看到。

(3) 由于气泡的移动有惯性，调节微倾螺旋时，一定要慢，特别在符合水准器的两端气泡两端影像接近吻合时，尤其要注意。

(4) 读数时，管水准气泡必须居中；读数后要进行检查，若气泡移动，应重新精平后，再读数。

(5) 不能用脚螺旋调节符合水准气泡，使其居中。

图 2-6　从外侧查看管水准器

(6) 仪器制动后不可强行转动，需转动时可用微动螺旋。

(7) 读完一点的数据，照准下一目标时，若圆水准气泡不居中，不能用脚螺旋调节，以免视线高发生变动。

(8) 记录以米为单位，记录 4 位数字，并要求记录清晰整洁，书写工整。

(9) 记录表中只记录数字不写单位，计算高差的正负符号不要省略。

实验二　普通水准测量

一、实验目的

(1) 进一步熟悉 DS3 型微倾式水准仪的操作。
(2) 了解普通水准测量的操作过程，掌握其记录、计算方法。
(3) 掌握普通水准测量的检核方法及其限差要求。
(4) 掌握闭合水准路线内业计算的过程。

二、实验要求

(1) 小组自选一闭合水准路线对其进行施测。
(2) 高差闭合差小于限差要求。
(3) 根据起点高程，求路线中其余各点的高程。

三、实验设备

DS3 型微倾式水准仪及脚架、水准尺、尺垫。

四、实验步骤

(1) 根据测区地物分布情况，小组自选一闭合水准路线(图 2-7)，并做临时性标记。
(2) 在相邻两点(A、B)上竖立水准尺，在至两点距离大致相等处(Ⅰ)架设水准仪，

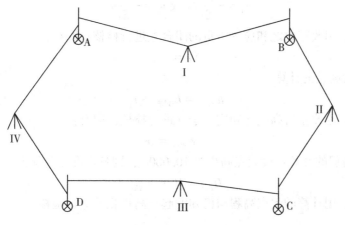

图 2-7 水准路线布设示意图

照准后视(A)，精平、读取黑面中丝及上下丝读数、记录，并按式(2-3)计算后视距。

(3)照准前视(B)，精平、读取黑面中丝及上下丝读数、记录，并按式(2-3)计算前视距。

(4)一测站观测完毕，按式(2-4)计算测站高差：

$$h = a - b \tag{2-4}$$

式中，a 为后视读数，b 为前视读数。

(5)后视尺搬至下一测站作为前视尺，仪器搬至第二个测站(Ⅱ)，重复 2~4 操作，直至回到起点。

(6)用式(2-5)检查高差计算是否正确：

$$\sum a - \sum b = \sum h \tag{2-5}$$

各测站高差计算无误后，按式(2-6)计算路线的高差闭合差：

$$f_h = \Sigma h \tag{2-6}$$

按式(2-7)计算高差闭合差的允许值：

$$\begin{cases} f_{h容} = \pm 12\sqrt{n}\,(\text{mm}) & (\text{适用于山地}) \\ f_{h容} = \pm 40\sqrt{L}\,(\text{mm}) & (\text{适用于平地}) \end{cases} \tag{2-7}$$

式中，n 为测站数；L 为水准路线长(以 km 为单位)。

(7)若高差闭合差在允许范围内，进行内业计算；若高差闭合差超过限差要求，则应查找原因，重新观测。

五、内业计算

(1)将观测高差、视距(一测站的视距等于前视距与后视距之和)及测站数(即两测点之间架设仪器的次数)填入实验报告册的表 2-2 中。

(2)计算高差闭合差及闭合差的允许值填入辅助计算中，并比较两者的大小，只有 $|f_h| < |f_{h容}|$ 才能进行下一步计算。

(3)高差改正值的计算

$$v_i = -\frac{f_h}{\Sigma L}L_i \text{ 或 } v_i = -\frac{f_h}{\Sigma n}n_i \tag{2-8}$$

计算完毕，用改正数之和应等于负的闭合差进行检核，即有：

$$\Sigma v = -f_h \tag{2-9}$$

（4）改正后高差的计算

$$h_{i改后} = h_{i观测} + v_i \tag{2-10}$$

计算完毕，用改正后高差之和应等于0进行检核，即有：

$$\Sigma h_{改后} = 0 \tag{2-11}$$

（5）各点高程的计算：设起点高程为10.000m，则各水准点高程为：

$$H_{i+1} = H_i + h_{改后} \tag{2-12}$$

计算完毕，用计算的起点高程与已知的起点高程相等进行检核。

六、注意事项

（1）照准水准尺后，应注意消除视差；读数前应使符合水准气泡严格居中，读数后需进行检查。

（2）已知点和待定点上不能放置尺垫。两测点相距较远、中间需设置转点时，转点上必须放置尺垫。

（3）由后视转向前视时，若圆水准气泡不居中，不能用脚螺旋调节，以免视线高发生变动。

（4）搬站时，前视尺不动，后视尺移至下一测站作为前视。

（5）搬站时，应注意仪器安全。

（6）计算时，应注意各项检核，以防计算错误。

（7）做实验前，应认真阅读理论课教材中有关"水准测量误差及注意事项"的内容，并在实验中严格遵守，以提高精度。

实验三 四等水准测量

一、实验目的

（1）掌握四等水准测量的操作过程。
（2）掌握四等水准测量的记录及计算方法。
（3）熟悉四等水准测量的各项限差要求。

二、实验要求

（1）选择一闭合水准路线，按照四等水准测量的要求对其进行单程观测。
（2）每人至少观测1测站、记录1测站、扶尺2测站。
（3）四等水准测量的作业限差见表2-2。

表 2-2　　　　　　　　　　　　四等水准测量作业限差

视线长度(m)	前后视距差(m)	前后视距差累积(m)	视线高度	黑红面读数差(mm)	黑红面所测高差之差(mm)
100	3.0	10.0	三丝能读数	3.0	5.0

(4)高差闭合差应满足要求：平原丘陵地区应不超过 $\pm 20\sqrt{L}$（mm），山区应不超过 $\pm 25\sqrt{L}$（mm）（式中，L 为水准路线长，以 km 为单位）。

三、实验设备

DS3 型水准仪及脚架、双面水准尺、尺垫等。

四、操作步骤

(1)根据实地情况，布设一条闭合水准路线(图 2-7)。
(2)在至前后视距离大致相等处安置水准仪，旋转脚螺旋，使圆水准气泡居中。上丝对准一整分米数，直接读取视距，检查前后视距差是否超限，如超限则调整仪器的安放位置。
(3)安置好仪器并粗平后，对着比较明亮的背景将十字丝调节清晰。照准后视，消除视差，开始一测站的操作：
①照准后视尺黑面，读取视距丝、中丝读数；
②照准后视尺红面，读取中丝读数；
③照准前视尺黑面，读取视距丝、中丝读数；
④照准前视尺红面，读取中丝读数。
(4)四等水准测量的记录与计算(表 2-3):

表 2-3　　　　　　　　　　　　四等水准测量记录

测站编号	后视 下丝 上丝 后视距 视距差 d	前视 下丝 上丝 前视距 $\sum d$	方向及尺号	标尺读数 黑面	标尺读数 红面	$K+$黑减红	高差中数	备注
	(1)	(5)	后	(3)	(4)	(9)		
	(2)	(6)	前	(7)	(8)	(10)		
	(12)	(13)	后-前	(16)	(17)	(11)	(18)	
	(14)	(15)						
I	1065	2162	后 A	0818	5605	0		$K_后=4.787$
	0572	1680	前 B	1921	6610	−2		$K_前=4.687$
	49.3	48.2	后-前	−1103	−1005	+2	−1104	
	+1.1	+1.1						

表中带括号的号码是观测数据和计算的顺序。其中(1)~(8)为观测读数,(9)~(18)为计算数据。

测站上的计算与检核：

①高差部分：

后视黑红面读数差：(9) = (3) + $K_后$ − (4)

前视黑红面读数差：(10) = (7) + $K_前$ − (8)

黑红面所测高差之差：(11) = (9) − (10)

黑面所测高差：(16) = (3) − (7)

红面所测高差：(17) = (4)(8)

计算检核：(11) = (16) ± 100 − (17)

高差中数：(18) = $\frac{1}{2}$ [(16) + (17) ± 100]

$K_前$、$K_后$ 分别为前、后视标尺的黑红面零点差，应标注在记录表的备注栏中。

②视距部分：

后视距：(12) = [(1) − (2)] × 100（以 m 为单位）

前视距：(13) = [(5) − (6)] × 100（以 m 为单位）

本测站前后视距差：(14) = (12) − (13)

前后视距差的累积：(15) = 本站的(14) + 前站的(15)

(5) 重复测站操作，直至水准路线的终点。

(6) 观测结束后的计算与校核。

①高差部分：

$\sum$ (3) − $\sum$ (7) = $\sum$ (16) = $h_黑$

$\sum$ { (3) + K } − $\sum$ (4) = $\sum$ (9)

$\sum$ (4) − $\sum$ (8) = $\sum$ (17) = $h_红$

$\sum$ { (7) + K } − $\sum$ (8) = $\sum$ (10)

②视距部分：

末站(15) = $\sum$ (12) − $\sum$ (13)

总视距 = $\sum$ (12) + $\sum$ (13)

(7) 高差闭合差的计算、调整与未知点高程的计算。

设起点高程为 10.000m，参照"实验二 普通水准测量"内业计算的相关内容，进行各项数据的计算。

五、注意事项

(1) 每次读数前，要消除视差；读数时，符合水准气泡要严格居中。

(2) 已知点和待定点不能放置尺垫，转点必须放置尺垫；搬站时，前视尺不动作下一站的后视，后视尺移至下一站作前视。

(3) 观测过程中，由后视转向前视时，若圆水准气泡不居中，不能用脚螺旋调节，以免视线高发生变动。

(4) 记录员应兼做计算，发现有数据超限时，应立即通知观测员，查找原因后重测。

(5)一测站未测完时,严禁碰动尺垫;否则该测段应全部重测。
(6)一测站观测完毕,检查数据符合限差要求后再搬站。搬站时,注意仪器安全。
(7)若测站有数据超限,在本站检查发现后可立即重测。若搬站后才发现,则应从测段起点处重新观测。
(8)计算时,应注意各项检核,以防计算错误。
(9)本实验要求一组的同学相互配合完成任务,每个同学都要认真地参与实验的各环节。
(10)同一测站两根水准尺红面尺底必须一个是4687,另一个是4787,两根4687或两根4787的水准尺均不能在同一测站使用,所以领仪器时应注意进行检查。
(11)做实验前,应认真阅读理论课教材中关于"水准测量误差及注意事项"的内容,并在实验中严格遵守,以提高精度。

实验四　水准仪的检验与校正

一、实验目的

(1)了解微倾式水准仪的主要轴线及其应满足的几何关系。
(2)了解水准仪轴线关系不满足时对水准测量的影响。
(3)掌握水准仪的检验方法。
(4)了解水准仪轴线关系不满足时的校正方法。

二、实验要求

(1)掌握水准仪应满足的轴线关系。
(2)对水准仪的轴线关系进行检验。
(3)对不满足要求的轴线关系进行校正。(不作统一要求)

三、实验设备

DS3型微倾式水准仪及脚架、水准尺、尺垫、皮尺等。

四、实验步骤

1. 熟悉水准仪的主要轴线应满足的几何关系
(1)圆水准器轴应平行于仪器旋转轴($L'L' \parallel VV$);
(2)十字丝横丝应垂直于仪器旋转轴;
(3)望远镜视准轴应平行于水准管轴($CC \parallel LL$)。

2. 熟悉轴线关系不满足对仪器操作、水准测量数据的影响
(1)圆水准器轴应平行于仪器旋转轴($L'L' \parallel VV$)。

若此项关系不满足,圆水准气泡居中后,圆水准器轴竖直,仪器旋转轴与其有一夹角。此时,若将仪器绕旋转轴旋转,则圆水准器轴倾斜,表现为气泡偏离中心位置。当

仪器旋转180°时，气泡的偏移量最大，圆水准器轴的倾斜角度为其与仪器旋转轴夹角的2倍。

(2)十字丝横丝应垂直于仪器旋转轴。

若此项轴线关系不满足，粗平后仪器旋转轴处于竖直位置，横丝倾斜。在望远镜视场中，水准尺处于竖直位置，故读数会比较困难。

(3)望远镜视准轴应平行于水准管轴（ CC ∥ LL ）。

因望远镜视准轴与水准管轴均为空间直线，若其相互平行，则无论是它们在水平面上的投影还是在竖直面上的投影都应相互平行。所以，此项检验应包括两部分：两轴线在竖直面上投影是否平行的检验称为 i 角检验；两轴线在水平面上投影是否平行的检验称为交叉误差检验。对于水准测量，i 角检验是非常重要的，故本教程只介绍 i 角的检验与校正。

① i 角对单根水准尺读数的影响。

如图2-8所示，若仪器视准轴与水准管轴在竖直面上的投影有夹角 i，则仪器精平后，水准管轴水平，视准轴倾斜。设仪器至标尺的距离为 S，则 i 角对单根水准尺读数的影响为：

$$x = S \times \tan i \tag{2-13}$$

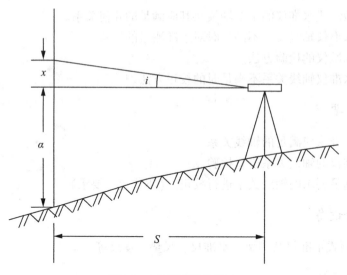

图2-8　i 角对读数的影响

一般 i 角都很小，故式(2-13)可表达为：

$$x = \frac{s \times i''}{\rho''} \tag{2-14}$$

式中，$\rho'' = 206265''$，为单位弧度的秒值。

由式(2-14)可知，在 i 角一定的条件下，其对单根水准尺读数的影响 x 与仪器至标尺的距离 S 成正比。

② i 角对一测站高差的影响。

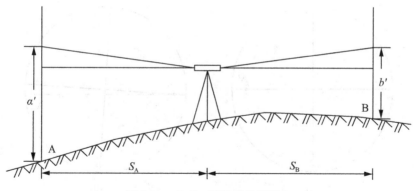

图 2-9 i 角对一测站高差的影响

由图 2-9 可知，一测站的观测高差为：
$$h' = a' - b' = a + x_a - (b + x_b) = h + (x_a - x_b)$$
将式(2-14)代入后，可得：
$$h' = h + \frac{i''}{\rho''}(S_A - S_B) \tag{2-15}$$

式中，h' 为测站的观测高差，h 为测站正确高差。

由式(2-15)可知，为消除 i 角对一测站高差的影响，应使 $S_A = S_B$。实际上，要求前后视距完全相等比较困难，也是没有必要的。故测量规范根据不同等级的精度要求，对每一测站的前后视距差和每一测段前后视距差的累积差规定了一个限值。从而，将残余 i 角对高差的影响限制在可以忽略的范围内。

3. 水准仪轴线关系的检验与校正

(1) 圆水准器轴应平行于仪器旋转轴（$L'L' \parallel VV$）。

检验：用脚螺旋将圆水准气泡调到居中位置，将望远镜旋转 180°，观察圆水准器气泡是否仍然居中。如居中，则此项轴线关系满足，否则应进行校正。

校正：分别转动圆水准器下的 3 个校正螺丝，使气泡向居中位置移动偏离长度的一半。此时，圆水准器轴 $L'L'$ 与仪器旋转轴 VV 平行；用脚螺旋将仪器整平，仪器的旋转轴 VV 处于竖直状态。实际上，由于各种原因（如估计气泡移动长度和方向不准确等）的影响，校正工作应反复多次进行。直至整平后，仪器旋转至任何位置，气泡都居中为止。

(2) 十字丝横丝应垂直于仪器旋转轴。

检验：先用十字丝横丝的一端照准一点（如图 2-10 中的 A），然后用微动螺旋缓慢地转动望远镜，使该点向另一侧移动。如果 A 点始终在横丝上（图 2-10(a)），说明横丝与仪器旋转轴垂直；如果 A 点离开了横丝（图 2-10(b) 的虚线），说明横丝与仪器旋转轴不垂直，而这条虚线的位置与仪器旋转轴垂直。

校正：放松校正螺丝，转动整个十字丝环，使横丝与图 2-10(b) 所示虚线重合或平行。由于此虚线不是一个实在的线画，所以转动角度凭估计进行。校正后，需再进行检验，直至满足条件为止。校正完成后，将螺丝旋紧。

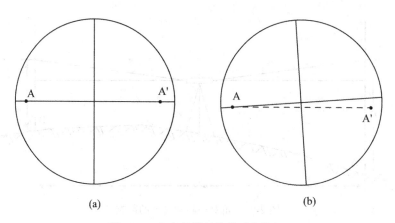

图 2-10 十字丝横丝的检验与校正

(3)水准管轴应平行于视准轴（$CC /\!/ LL$）。

检验：在较平坦的地方选择相距 80~100m 的两个点 A、B，放置尺垫。将水准尺竖立在尺垫上。在 A、B 两点的中间安置水准仪，使两端距离相等（使用皮尺或钢尺，也可以采用读取视距的方法），观测得两水准尺读数后，计算得两点间的正确高差 h_{AB}（为确保高差测量的正确性，需改变仪器架设的高度，再观测一次，两次测量的高差之差应不大于 5mm；或观测水准尺的黑红面，黑红面高差之差也不应大于 5mm。取两次测量的平均值为正确高差）。

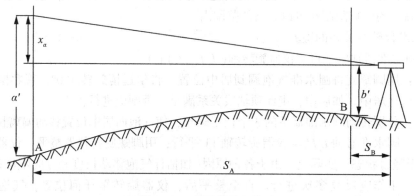

图 2-11 i 角的检验与校正

然后，将仪器搬至一点（如 B 点）附近，如图 2-11 所示。此时，因仪器至 A、B 两点的距离不等，所以测量的高差 h'_{AB} 中含有视准轴不平行于水准管轴的影响。则有：

$$i = \frac{h'_{AB} - h_{AB}}{S_A - S_B} \cdot \rho'' \tag{2-16}$$

规范规定，用于三、四等水准测量的仪器 i 角不得大于 20″，否则应进行校正。

校正：检验完成后，仪器在 B 点附近不动，紧接着进行校正工作。首先，求 i 角对远处水准尺（A 尺）读数的影响，由式(2-14)得：

$$x_a = \frac{i''}{\rho''} \cdot S_A \tag{2-17}$$

然后，计算仪器在 A 尺上的正确读数：

$$a = a' - x_a \tag{2-18}$$

旋转微倾螺旋，使水准仪在 A 尺的读数为正确读数。此时，望远镜视线水平，水准管气泡不居中。调节上下两个校正螺丝使气泡居中。操作时，需先将左右两边的螺丝（图 2-12）略微松开一些，使水准管能活动。然后，再调节上下校正螺丝。校正时，上下螺丝要松一个再紧另一个，使其始终将水准管这端卡住。此项校正应反复进行，直至满足要求为止。校正完毕，应将各螺丝旋紧。

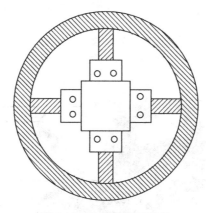

图 2-12 水准管校正螺丝

五、注意事项

（1）做实验前，需认真阅读教材的相关内容，了解水准仪检验的项目及每一项检验的原理、目的及检校过程。

（2）读数前，应仔细调节微倾螺旋，使符合水准管气泡严格居中；读数后再行检查，以确保读数时水准管气泡处于居中位置。

（3）填写实验报告时，横丝与圆水准器的检验均需绘图表示检验结果，再得出检验结论。

实验五 电子水准仪的认识与使用

一、实验目的

（1）认识电子水准仪的构造。
（2）熟悉电子水准仪的基本操作。
（3）熟悉电子水准仪数据下载的过程。

二、实验要求

(1)参照电子水准仪关于线路操作的内容,对一段水准路线进行观测。
(2)将观测数据下载后,进行整理,并填写实验报告。

三、实验设备

南方 DL-2007 电子水准仪、脚架及配套水准尺、尺垫等。

四、实验步骤

1. 各部件名称及功能

1—粗瞄器　2—液晶显示屏　3—目镜护罩　4—目镜调焦螺旋　5—电池　6—物镜
7—物镜调焦螺旋　8—开关及测量键　9—USB 接口　10—水平微动螺旋
图 2-13　南方 DL-2007 电子水准仪

仪器参数:

每公里往返测标准差:电子读数 0.7mm,光学读数 2.0mm;测程:1.5~100m;最小显示:高差 0.1mm。

2. 操作键及其功能

表 2-4　　　　　　　　　　　　操作键及其功能列表

键符	键名	功　　能
Pow/Meas	电源开关/测量键	仪器开关和用来进行测量
MENU	菜单键	进入菜单模式
DIST	测距键	在测量状态下按此键测量并显示距离

续表

键符	键名	功　　能
↑↓	选择键	上下移动光标或翻页
→←	数字移动键	查询数据时左右翻页或输入状态时左右选择
ENT	确认键	确认模式参数或输入显示的数据
ESC	退出键	退出菜单模式或任一设置模式，也可作为输入数据时的后退清除键
0~9	数字键	输入数字
-	标尺倒置模式	进行倒置标尺输入，并应预先在测量参数下，将倒置标尺模式设置为"使用"
☀	背光灯开关	打开或关闭背光灯
.	小数点键	数据输入时输入小数点；在可输入字母或符号时，切换大小写字母和符号输入状态
REC	记录键	记录测量数据
SET	设置键	进入设置模式，用来设置测量参数、条件参数和仪器参数
SRCH	查询键	查询和显示记录的数据
IN/SO	中间点/放样键	在连续水准线路测量时，测中间点或放样
MANU	手工输入键	当不能用 Meas 键进行测量时，可从键盘手工输入数据
REP	重复测量键	在连续水准线路测量时，用来重测已测过的后视或前视

3. 显示屏显示符号及其含义

表 2-5　　　　　　　　　　　显示屏显示符号及其含义

显示	含　　义	显示	含　　义
p	当前数据已存满	a/b	表示还有其他页码或菜单，a：当前页数，b：总页数
🔋	电池电量显示	Inst Ht	仪器高
BM#	水准点	CP#	转点
I	标尺倒置		

4. 主菜单

表 2-6 南方 NL-2007 主菜单项目列表

	一级菜单	二级菜单	三级菜单	四级菜单
主菜单 MENU	标准测量模式	标准测量		
		高程放样		
		高差放样		
		视距放样		
	线路测量模式	开始线路测量	BFFB	
		继续线路测量	BBFF	
		结束线路测量	BF/BIF	
			往返测	
	检校模式	方法 A		
		方法 B		
	数据管理	生成文件夹		
		删除文件夹		
		输入点		
		拷贝作业	内存/SD 卡	
		删除作业	内存/SD 卡	
		查找作业	内存/SD 卡	作业/点号/BM#
		文件输出	内存/SD 卡	
		检查容量	内存/SD 卡	
	格式化		内存/SD 卡	

说明：不是所有菜单选项均可同时提供选用，如记录模式为"USB"和"OFF"时，无法进行线路测量和检校模式。如果进入线路测量模式，那么"开始线路水准测量"和"继续线路水准测量"不能同时提供选用。

5. 设置

表 2-7 南方 NL-2007 设置菜单列表

设置 SET	测量参数	测量模式	单次测量/N 次测量/连续测量
		最小读数	标准 0.1mm/精密 0.01mm
		倒置标尺模式	使用/不适用
		数据单位	米 m/ft(US. ft)
		限差	前后视距差/累积视距差/高差/高差之差限差/视距限值/视高限值

续表

设置 SET	条件参数	点号模式	点号递增/点号递减
		显示时间	1~9 秒
		数据输出	OFF/内存/SD 卡/通讯口输出
		通讯参数	标准参数/用户设置
		自动关机	开/关
	仪器参数	对比度	1~9
		背景光	关/开
		仪器信息	
		注册信息	

记录模式设置说明：数据输出可以选择 OFF/内存/SD 卡/通讯口，默认的记录模式为"OFF"。输出为"内存"时，显示屏右上角显示"F"；输出为"SD 卡"时显示屏右上角显示"S"；输出为"USB"时右上角显示"U"，在此模式下，将仪器用电缆连接到外部设备，可实时传送观测数据；数据输出为"OFF"时，右上角无显示。

6. 字符输入要求及方法

表 2-8　　　　　　　　　　南方 NL-2007 字符输入要求表

项目	字　　符	最大长度
文件夹名	可输入大写字母、数字和"-"等字符	8 个字符
作业名	可输入大写字母、数字和"-"等字符	8 个字符
注记	可输入大小写字母、数字和所有符号等字符	16 个字符

.键可进行大、小写字符及特殊字符输入的切换。

7. 线路测量

操作步骤：主菜单→线路测量模式→开始线路测量→输入作业名称→选择线路测量模式→输入后视点点名→输入注记→输入后视点高程。

可选择的测量模式有：后前前后(BFFB)、后后前前(BBFF)、后前/后中前(BF/BIF)、往返测(aBFFB)。本教程以"后前前后(BFFB)"为例讲述线路测量的操作过程。

"开始线路测量"用于输入作业名、基准点和基准点高程，输入这些数据后，开始路线测量。

"开始路线测量"后，屏幕出现"Bk1(后视)"提示，或显示水准点号。照准后视尺，按 Meas 键，测量完毕(若设置测量模式为连续测量，则按 ESC 键)，显示测量数值 M 秒(注：显示时间可在"设置——条件参数——显示时间"中进行设置)。

然后，显示屏提示变为"Fr1"并自动地增加或减少前视点号(注：按 ESC 可修改前视点号)，照准前视尺，按 Meas 键，测量完毕，显示测量数值 M 秒。

依次照准前视尺、后视尺进行测量，完成一测站的操作。

将仪器搬至下一测站，重复上述操作，直至终点(注：当一个测站测量完成后，可关机以节约电量，再次开机后，仪器会自动开始下一站的测量。例如，当前测站未测量完毕就关机，再次开机后需重新测量此测站)。

8. 内存管理与数据下载

说明：内存中不存在文件夹；在数据卡中，一个文件夹内不可有相同的作业名；根据文件类型，按下列规则自动添加扩展名：

L：线路测量文件

M：标准测量文件

A：检校数据文件

H：高程高差数据文件

T：输入点文件

数据下载的方法有：

方法1：通过 SD 卡将数据拷贝至电脑(如果数据存入了内存中，可先复制到 SD 卡上)。

方法2：通过南方测绘提供的软件，进行数据传输和处理。默认通讯参数为，波特率：9600，数据位：8，停止位：1，校检位：无。

实验六　经纬仪的认识与使用

一、实验目的

(1)掌握安置经纬仪的过程。

(2)了解 DJ_6 型光学经纬仪各主要部件的名称和作用。

(3)了解经纬仪的测微原理，掌握其读数方法。

(4)掌握配置水平度盘读数的方法。

(5)了解水平角测角的方法。

二、实验要求

(1)安置时，对中误差不大于1mm，整平误差不大于1格。

(2)正确读取水平度盘读数，并计算水平角。

(3)所有操作每人均做1次。

三、实验设备

DJ_6 型光学经纬仪及脚架。

四、实验步骤

1. 安放仪器

松开三脚架，安置于测站点上(为使仪器大致满足对中，可从架头中央将一小石子丢下，看是否落于测站点上，如相差较远应移动三脚架）。其高度大约在胸口附近，架头大致水平。

打开仪器箱，双手握住仪器支架，将仪器从箱中取出，置于架头上。一手紧握支架，一手拧紧连接螺旋，将仪器固定于三脚架上。

2. 熟悉仪器各部件的名称、作用及使用方法

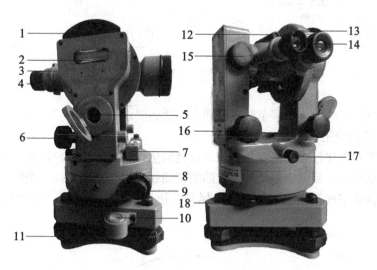

1—竖盘指标水准管观察窗　2—竖盘指标水准管　3—物镜调焦螺旋　4—目镜调焦螺旋
5—读数窗进光孔　6—竖盘指标水准管微动螺旋　7—水准管　8—水平制动螺旋
9—水平微动螺旋　10—圆水准器　11—脚螺旋　12—粗瞄器　13—读数窗调焦螺旋
14—读数窗　15—竖直制动螺旋　16—竖直微动螺旋　17—光学对中器　18—拨盘手轮

图 2-14　DJ_6 型光学经纬仪

3. 安置经纬仪

可分两步——粗略安置和精确安置

粗略安置——先对中后整平：

对中：①旋转光学对中器目镜对光螺旋，使十字丝成像清晰。②伸缩对中器的镜筒，进行物镜调焦，使测站点成像清晰。③调节三个脚螺旋（相差较远时需移动三脚架），使对中器的十字丝对准测站点。

整平：先分别松开两个架腿的伸缩固定螺旋，调节架腿长度（注意不要移动架腿的位置），使圆水准气泡居中，然后将架腿的伸缩固定螺旋旋紧。

精确安置——先整平后对中：

整平：如图 2-15 所示，转动照准部，使水准管平行于任意一对脚螺旋（左图中的1~2），同时对向旋转这对脚螺旋，使水准管气泡居中；将照准部转动 90°，使水准管气泡通过第三只脚螺旋（右图中的3）；旋转第三只脚螺旋，使气泡居中。再旋转照准部90°回到原来的位置，检查气泡是否居中，直至满足要求为止。

对中：检查仪器的对中情况，如在允许范围内，则仪器安置完毕；否则，将仪器的连接螺旋轻轻旋开，使仪器在架头上平移，至对中满足要求后，将连接螺旋旋紧。

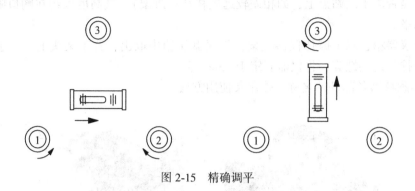

图 2-15 精确调平

再次进行整平的检查,直至对中整和平均达到要求。

4. 经纬仪的使用

照准:①对着比较明亮的背景,转动目镜调焦螺旋,使十字丝清晰。②用望远镜上的粗瞄器照准目标,旋紧望远镜和照准部的制动螺旋。③转动物镜对光螺旋,使目标影像清晰。④转动望远镜和照准部的微动螺旋,使目标被单丝平分,或将目标夹在双丝中央。

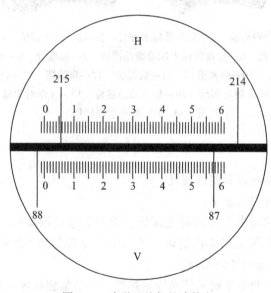

图 2-16 光学经纬仪的读数窗

读数:DJ_6 型经纬仪的读数窗如图 2-16 所示,注有"H"的窗口为水平度盘的读数窗,注有"V"的窗口为竖直度盘的读数窗。读数窗中长线及其上面所注数字为度盘分画线及其注记;短线及其注记为测微器分画线及其注记(整十分的数值)。测微器全长为 1°,分成 60 个小格,每个小格为 1′,估读至最小分划的十分之一,即 6″。图 2-16 所示的水平度盘读数为 215°05′36″,竖直度盘读数为 87°57′30″。读数时,打开读数窗进光孔的反光镜,调节反光镜开启的角度和方向,使读数窗亮度适中,旋转读数窗调焦螺旋,使成像清晰后再读数。

5. 配置水平度盘读数

(1)转动照准部,照准目标。

(2)打开拨盘手轮的护盖,转动拨盘手轮,同时观察读数窗的读数,使之满足规定的要求。

(3)关闭拨盘手轮的护盖。

6. 测角练习

选择两个目标,分别读取其盘左、盘右水平度盘读数,观察同一方向两读数的关系,计算两方向间的水平角。

五、注意事项

(1)粗略调平时,应通过伸缩架腿调节其长度,使圆水准器居中;注意不要移动架腿的位置。

(2)精确安置对中时,要使仪器在架头上平移,切勿发生旋转,以免破坏仪器的水平。

(3)估读时,应读至最小分划的十分之一,即6″。

(4)按照度、分、秒的格式记录,但度、分、秒的标记不用写;分和秒不足两位数时,前面应用0补齐。

(5)仪器制动后不可强行转动,需少量转动时可用微动螺旋,需大角度旋转时应打开制动螺旋。

(6)当望远镜视线倾斜时,读数窗中看到的影像也会发生倾斜,此现象对读数没有影响。

实验七　水平角测量(测回法)

一、实验目的

(1)进一步熟悉经纬仪/全站仪的安置过程。
(2)掌握测回法水平角的观测方法。
(3)掌握测回法水平角的记录、计算方法。
(4)进一步熟悉经纬仪/全站仪的使用。

二、实验要求

(1)各实验小组对同一水平角进行多测回观测,每人观测1测回。
(2)按多测回观测的要求,进行起始方向水平度盘的配置。
(3)观测过程正确,计算无误。
(4)半测回角值之差应不大于40″,各测回角值互差也应不大于40″。

三、实验设备

DJ$_6$型经纬仪/全站仪、脚架。

四、操作步骤

准备工作：如图2-17所示，在测站点(O)安置仪器，选择两个清晰稳定的目标(A、B)作为观测标志进行测量。

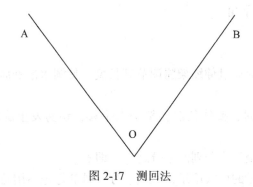

图2-17 测回法

操作过程：

(1)使竖直度盘位于望远镜的左侧(盘左)，照准左侧目标A，按多测回观测要求配置水平度盘读数(记为$a_左$)。

(2)顺时针转动照准部，照准另一目标B，读取水平度盘读数(记为$b_左$)，按式(2-19)计算盘左半测回角值。

$$\beta_左 = b_左 - a_左 \qquad (2\text{-}19)$$

(3)望远镜旋转180°，照准部旋转180°，将仪器转至盘右，照准目标B，读取水平度盘读数(记为$b_右$)。

(4)逆时针转动照准部，照准目标A，读取水平度盘读数(记为$a_右$)，记录后按式(2-20)计算盘右半测回角值。

$$\beta_右 = b_右 - a_右 \qquad (2\text{-}20)$$

(5)若两半测回角值之差满足要求，按式(2-21)取其平均值为一测回角值；否则，应查找原因，重新观测。

$$\beta_1 = \frac{1}{2}(\beta_左 + \beta_右) \qquad (2\text{-}21)$$

(6)重复上述步骤，进行下一测回观测，至小组观测完毕。

(7)若各测回互差满足要求，按式(2-22)取各测回角值的平均值为最后结果；否则应查找错误测回，重新进行观测。

$$\beta = \frac{1}{n}\sum \beta \qquad (2\text{-}22)$$

五、注意事项

(1)配制度盘的要求：第一测回起始方向应设置为 0°，其余每测回改变 180°/n。测 2 测回时，各测回起始方向水平度盘读数应分别设置为：0°、90°；测 4 测回时，应分别设置为：0°、45°、90°和 135°。设置时，分和秒比 0 略大即可。

(2)配置好起始方向度盘读数后，应将拨盘手轮的护盖盖好；同一测回内，切勿碰动度盘变换手轮。

(3)各测回之间应检查仪器的对中整平情况，如超过限差要求，应重新安置仪器。

(4)利用光学经纬仪测量，估读秒时，应读至最小分划的十分之一，即 6″。

(5)记录应按照度、分、秒的格式进行，但度、分、秒的标记不用写，分和秒不足两位数时前面应用 0 补齐。

(6)操作仪器时，不要用手扶三脚架；走动时，要防止碰动三脚架。

(7)照准时，要尽量用十字丝中心处照准目标，并尽量照准目标底部。

(8)一测回观测过程中，不得调整照准部水准管气泡。若在一测回的观测过程中，气泡偏离中心超过 1 格，应重新整置仪器，并将该测回作废，重新进行观测。

(9)测回互差不满足要求时，应待所有测回观测完毕，综合考虑后将不合格的数据剔除，并重测该测回。

(10)做实验前，应认真阅读教材中有关"水平角测量误差及注意事项"的内容，并在实验中注意各事项，以提高观测精度，达到观测要求。

实验八 水平角测量(方向法)

一、实验目的

(1)掌握全圆方向法测量水平角的观测步骤。
(2)掌握全圆方向法记录、计算的方法。
(3)进一步熟悉经纬仪/全站仪的使用。

二、实验要求

(1)利用全圆方向法进行水平角测量，每人观测 1 测回。
(2)观测过程正确，计算无误。
(3)半测回归零差应不大于 18″，同一方向各测回较差应不大于 24″。

三、实验设备

DJ$_6$型经纬仪/全站仪、脚架。

四、操作步骤

准备工作：在测站点安置仪器，确定4个清晰稳定的目标作为观测标志（图2-18），选择其中距离较远的一个目标为零方向（图2-18中的A方向）。

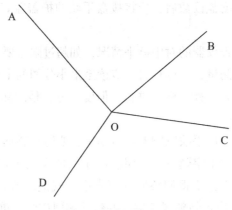

图2-18 全圆方向法

操作过程：

(1) 盘左，照准零方向，按多测回观测的要求配置度盘，读数；然后松开制动螺旋，顺时针旋转照准部，依次照准B、C、D并读数，最后归零。

半测回归零差的计算：归零差为半测回两个零方向的读数差。计算后，检查其是否满足要求。满足要求时，进行后续工作，否则应重新测量。

半测回方向值的计算：首先将A方向归零前后的两个方向值取平均，记于起始方向的上面；然后，将起始方向改化成0°00′00″，各方向的半测回方向值为观测的方向值减去此平均值。

(2) 盘右，照准零方向，读数；松开制动螺旋，逆时针旋转照准部，依次照准D、C、B并读数，最后再次回到零方向。

计算盘右半测回归零差，并进行检核。检核合格进行后续工作，不合格时应重测整个测回。

计算盘右半测回方向值，并记于盘左半测回方向值的右侧（只记录秒值即可）。

一测回平均值的计算：同一方向两个半测回方向值的平均值。

(3) 重复步骤1~2，进行下一测回的观测，直至所有测回观测完毕。

(4) 各测回平均方向值的计算：首先计算各测回同一方向归零后方向值之差，该值满足要求后，取各测回同一方向的方向值之平均值为该方向各测回平均方向值；不满足要求时，应剔除不合格的测回，并进行重测。

全圆方向法的记录如表2-9所示：

表 2-9　　　　　　　　　　　DJ$_6$ 方向法观测记录、计算示例

测站	方向	水平度盘读数		半测回方向值 (° ′ ″)	一测回平均方向值 (° ′ ″)	各测回平均方向值 (° ′ ″)
		盘左读数 (° ′ ″)	盘右读数 (° ′ ″)			
O		(0 01 09)	(180 01 12)			
	A	0 01 06	180 01 12	0 00 00	0 00 00	0 00 00
	B	100 44 06	280 44 00	100 42 57(48)	100 42 52	100 43 01
	C	163 42 36	343 42 36	163 41 27(24)	163 41 26	163 41 32
	D	254 06 06	74 06 12	254 04 57(60)	254 04 58	254 04 58
	A	0 01 12	180 01 12			
O		(90 00 18)	(270 00 15)			
	A	90 00 18	270 00 12	0 00 00	0 00 00	
	B	190 43 24	10 43 30	100 43 06(15)	100 43 10	
	C	253 41 54	73 41 54	163 41 36(39)	163 41 38	
	D	344 05 12	164 05 18	254 04 54(63)	254 04 58	
	A	90 00 18	270 00 18			

五、注意事项

(1) 尽量选择距离较远、成像清晰的目标为零方向。
(2) 观测的同时进行计算，发现数据超限时应查找原因，并立即重测。
(3) 同一方向各测回较差不合要求时，应待所有测回观测完毕，综合考虑后将不合格的数据剔除，并重测该测回。
(4) 数据计算至秒值，注意按测量的计算规则进行小数位的取舍。

实验九　竖直角测量

一、实验目的

(1) 掌握竖直角测量的观测方法。
(2) 掌握竖直角测量的记录、计算方法。
(3) 进一步熟悉经纬仪/全站仪的使用。

二、实验要求

(1) 对竖直角进行观测，每人观测 1 测回。
(2) 各测回指标差互差应不大于 25″，各测回竖直角互差应不大于 25″。

三、实验设备

DJ$_6$型经纬仪/全站仪、脚架。

四、操作步骤

准备工作：在测站点安置仪器，选择一清晰稳定的目标作为观测标志。

操作过程：

(1)盘左，照准目标，旋转竖盘指标水准管微动螺旋，使竖盘指标水准管气泡居中，读取竖直度盘读数 L，并计算盘左半测回角值：

$$\alpha_{左} = 90° - L \tag{2-23}$$

(2)仪器转向盘右，照准目标，旋转竖盘指标水准管微动螺旋，使竖盘指标水准管气泡居中，读取竖直度盘读数 R，并计算盘右半测回角值：

$$\alpha_{右} = R - 270° \tag{2-24}$$

(3)计算竖盘指标差(x)及一测回角值(α)：

$$x = \frac{1}{2}(L + R - 360°) \tag{2-25}$$

$$\alpha = \frac{1}{2}(\alpha_{左} + \alpha_{右}) \tag{2-26}$$

(4)重复上述操作，直至小组成员观测完毕。

(5)若指标差互差及各测回竖直角互差满足要求，则观测合格，否则应查找错误原因和错误测回，重新进行观测。

五、注意事项

(1)读数前，应使指标水准管气泡居中；读数完毕，应检查气泡是否居中，不居中时，应调节后再次读数。

(2)有的仪器没有竖盘指标水准管，取而代之的是自动补偿器。此类仪器在测量竖直角之前应将补偿器打开，并在完成观测后，将其关闭。

(3)计算竖直角和指标差时，应注意正、负号。

(4)衡量竖直角观测是否合格的指标是"指标差互差"，而不是"指标差"。

(5)观测竖直角时应用中丝照准目标。

(6)因竖直角的大小与仪器架设的高度有关，故在观测过程中若因碰动脚架而重新安置仪器，即使照准原目标，前后数据也不能进行测回互差的比较。

实验十　全站仪的认识与使用

一、实验目的

(1)认识全站仪的构造、熟悉各部件功能。

(2)熟悉全站仪的基本操作。

二、实验要求

（1）角度测量：测回法测量水平角 1 测回，竖直角 1 测回。
（2）距离测量：测距 1 测回（1 次照准 3 次读数），并分别记录斜距、平距。
（3）坐标测量：假设测站点至后视点的方位角、测站点的坐标，测量另两点的坐标。

三、实验设备

全站仪及脚架、棱镜及棱镜架、小钢尺等。

四、实验步骤

1. 仪器安置

配有光学对中器和水准管气泡的仪器，其安置方法与经纬仪安置过程相同，详细过程见"实验六 经纬仪的认识与使用"。

配有激光对中器和电子水准气泡的仪器，安置时，将仪器与三脚架连在一起后，开机。打开电子气泡和激光对中器（根据仪器不同，打开过程通常有以下三种：①按 ▢ 键；②按 ★ （星）键→ 补偿 键/ 对点 键；③按 Func 键→ 功能 键→ 整平/对中 键），仪器向下发射激光束，表示仪器旋转轴的位置；电子气泡的形式如图 2-19 所示。

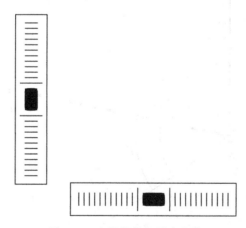

图 2-19 全站仪的电子水准器

移动三脚架（对中相差较远时）或转动脚螺旋（对中相差较近时），使激光点对准测站点。伸缩架腿，调平圆水准器。使水平的电子气泡平行于两个脚螺旋，调节此两个脚螺旋使该气泡居中，再调节第三个脚螺旋使竖直的电子气泡居中（无需旋转 180°）。当两个电子气泡均居中后（图 2-19），仪器水平。查看激光点是否仍对准测站点，若是，则安置完毕；否则，将连接螺旋稍稍松开，在架头上平移仪器，使激光点对准测站点，再将连接螺旋旋紧。

完成仪器安置后，将激光对中器及电子气泡关闭。

2. 角度测量

开机后，仪器进入测角模式；在其他模式，按测角键（ANG 或 测角）也可进入测角模式。水平度盘读数的标识通常为"H"或"HA"或"HR"或"HZ"，竖直度盘读数的标识通常为"V"。测角的操作详见实验七、实验八和实验九的相关内容。

3. 距离测量

照准棱镜后，按测距键（◸ 或 DIST 或 测距），仪器显示平距（通常标识为"HD"或"◹"）、斜距（通常标识为"SD"或"◺"）和高差（有的仪器显示仪器中心至棱镜中心的高差，有的仪器显示测站点与地面点的高差，通常标识为"VD"或"◿"）。

4. 坐标测量

如图 2-20 所示，全站仪利用极坐标法测量坐标，需要有设站、定向和测量三个过程。设站即向仪器输入测站点 A 的信息（坐标、仪器高等）。定向的方法有两种：①角度定向，利用定向边 AB 的方位角定向；②坐标定向，利用定向点 B 的坐标定向。测量时，照准待定点 P，输入棱镜高，仪器观测待定边 AP 与已知边 AB 的水平角 β 及待定点 P 至测站点 A 的水平距离 S_{AP} 后，利用已知数据及观测数据用极坐标法计算待定点的坐标，并显示于屏幕上。

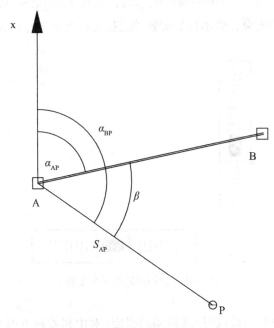

图 2-20　全站仪测量坐标

上述操作步骤视仪器的不同，实现方式也不一样。有的需设置作业或设置工程，有的需按坐标测量键（⇲ 或 ⇱ 或 建站 键），有的直接在常规测量界面进行设置。

说明：输入上述信息（测站点坐标、仪器高等）后，即使关闭仪器，该信息也会被保存。未进行上述设置，直接按坐标测量键时，显示屏也会显示坐标；此时，测站点坐标及仪器高为0或上一次输入的数值,未知边的方位角为该方向水平度盘读数。

本教程"第三部分 全站仪使用说明"中有部分型号的仪器说明,详细操作可参照其进行。

五、注意事项

(1)操作仪器前,必须详细阅读使用说明。
(2)作业前一天,应给电池充电。出发前应检查电池电量。
(3)仪器安装至三脚架或拆卸时,要一手先握住仪器,以防止仪器跌落。
(4)架设仪器后,需再次检查连接螺旋是否已拧紧。
(5)作业前应仔细全面检查仪器,确保仪器各项指标、功能、电源、初始设置和改正参数均符合要求。
(6)在观测过程中,除正常操作仪器螺旋外,尽量不要用手扶仪器及脚架,以免碰动仪器,影响观测精度。
(7)操作过程中,动作需轻,不能凭力气猛扳、猛按。
(8)日光下测量应避免将物镜直接瞄准太阳。
(9)全站仪发射光是激光,使用时不能对准眼睛。
(10)水平角右角(HR)指水平度盘顺时针方向增加,水平角左角(HL)指水平度盘逆时针方向增加,而不是盘左盘右!
(11)若发生故障,应及时报告,不得任意拆卸仪器,以免发生不必要的损坏。
(12)搬站时,仪器需装箱;搬运时,需小心。
(13)仪器被雨水淋湿后,切勿通电开机,应用干净软布擦干,并在通风处放置一段时间。

实验十一 全站仪的检验与校正

一、实验目的

(1)了解全站仪的轴线及其应满足的几何关系。
(2)了解全站仪轴线关系不满足时对操作及观测数据的影响。
(3)掌握全站仪轴线关系检验的内容及过程。
(4)了解全站仪轴线关系不满足时的校正方法。

二、实验要求

(1)掌握全站仪应满足的轴线关系。
(2)对全站仪的轴线关系进行检验。
(3)对不满足要求的轴线关系进行校正(不作统一要求)。

三、实验设备

全站仪及脚架、棱镜及棱镜架、小钢尺、皮尺等。

四、操作步骤

1. 熟悉全站仪的主要轴线应满足的几何关系

照准部水准管轴应垂直于竖轴（$LL \perp VV$）；

十字丝竖丝应垂直于横轴；

视准轴应垂直于横轴（$CC \perp HH$）；

横轴应垂直于竖轴（$HH \perp VV$）；

竖盘指标差应为 0；

光学对中器的光学垂线应与仪器的旋转轴重合；

加常数的测定。

2. 熟悉轴线关系不满足时对仪器操作及测量数据的影响

（1）照准部水准管轴应垂直于竖轴。此影响的表现形式，与水准仪检验中水准器轴与竖轴平行关系的表现形式相同。

（2）十字丝竖丝应垂直于横轴。此影响的表现形式，与水准仪检验中十字丝横丝与竖轴垂直关系的表现形式相同。

（3）视准轴应垂直于横轴对水平度盘读数的影响。如图 2-21 所示，O 为仪器中心，OA 为垂直于横轴的视准轴，由于视准轴与横轴之间存在视准误差 c，实际的视准轴为 OA'。此时，A、A'两点等高，竖直角为 α。a、a' 分别为 A、A'两点在水平位置上的投影。$\angle aoa' = x_c$，即由于视准轴误差引起的目标 A 的读数误差。由几何关系有：

$$x_c = \frac{c}{\cos\alpha} \tag{2-27}$$

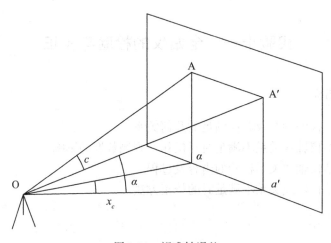

图 2-21 视准轴误差

一般规定，盘左时视准轴物镜端向左偏斜的 c 值为正，向右偏斜为负，则对于同一目标，若盘左观测时 c 为正（负）；盘右观测时，即为负（正）。α 值不变，故盘左、盘右 x_c 值的绝对值相等而符号相反。取两者的平均值即可消除视准误差的影响。

（4）横轴不垂直于竖轴对水平度盘读数的影响。如图 2-22 所示，O 为仪器中心，H

为横轴水平时照准的目标，h 为 H 点的水平投影，Hoh 为一铅垂面。若横轴倾斜一个 i 角(横轴误差)，竖直面 Hoh 也将随之倾斜一个 i 角，而成为倾斜面 Aoh，A 点为横轴倾斜时视准轴照准的目标，a 为 A 点的水平投影。$\angle hoa = x_i$，即因横轴倾斜 i 角而产生的水平方向的读数误差。

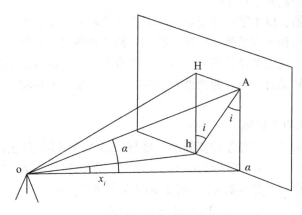

图 2-22 横轴误差

由几何知识有：

$$x_i = i \times \tan\alpha \tag{2-28}$$

一般规定，盘左时横轴左端低于右端的 i 角为正，高于右端为负，则对于同一目标，在竖轴竖直的情况下，因横轴不垂直于竖轴所引起的横轴倾斜，盘左观测时 i 为正(负)，则盘右观测时 i 即为负(正)。故盘左、盘右的 x_i 是大小相等而符号相反的，取两者的平均值可以将其消除。

(5)竖盘指标位置不正确对竖直角的影响。一般规定，指标偏移方向与竖盘注记方向一致时，指标差为正。由竖直角的测量原理可知，指标差的存在使盘左盘右的竖盘读数增大 x 值，而对半测回竖直角的影响是大小相等，符号相反的。故一测回角值中不含此项误差的影响。

(6)光学对中器的光学垂线与仪器旋转轴不重合的影响。对中器的光学垂线与仪器的旋转轴为空间的两条直线，它们的关系可以是交叉(或相交)和平行。若两者是交叉(或相交)关系，绕竖轴旋转时，光学垂线的运动轨迹是圆锥面；若两者是平行关系(不重合)，绕竖轴旋转时，光学垂线的运动轨迹是圆柱面。两者不重合时，按对中器光学垂线的指示安置仪器后，实际上仪器并未对中。

(7)加常数对测距的影响。由于测距仪的距离起算中心与仪器的安置中心不一致，以及反射镜等效反射面与反射镜安置中心不一致，从而使得测量数值与欲测定的实际距离之间存在差值。

3. 全站仪的检验与校正

(1)照准部水准管轴应垂直于竖轴。

检验：先将仪器大致整平，转动照准部，使水准管轴与任意两个脚螺旋的连线平行，调节脚螺旋使气泡居中。将照准部旋转 180°，若气泡仍居中，则说明条件满足；

否则应进行校正。

校正：用校正针拨动水准管一端的校正螺丝，使气泡向中间位置回退一半。再用脚螺旋使气泡居中，此时竖轴竖直。

此项检验与校正需反复进行，直至满足条件为止。

(2) 十字丝竖丝应垂直于横轴。

检验：整平仪器，以十字丝的交点精确瞄准一清晰的小点，水平制动，使望远镜绕横轴上下转动，如果该小点始终在竖丝上移动，则条件满足；否则需进行校正。

校正：由于各种仪器的结构不同，校正方法也不一样。通常使用的校正方法为：松开4个压环螺丝，转动目镜筒，使照准点始终在十字丝竖丝上移动。校正后，将压环螺丝旋紧。

(3) 视准轴应垂直于横轴。

检验：整平仪器后，以盘左位置瞄准远处与仪器大致同高(盘左，竖直度盘读数应为90°；盘右，竖直度盘读数应为270°)的一点P，读取水平度盘读数 a_1'；转向盘右，仍瞄准该点，并读取水平盘读数 a_2'；则2倍的视准轴误差为：

$$2C = a_1' - a_2' \pm 180° \tag{2-29}$$

一般规定：2″级仪器，C 不应超过 8″；6″级仪器，C 不应超过 10″，否则应进行校正。

校正：首先，计算盘右水平度盘的正确读数：

$$a_2 = a_2' + C = \frac{1}{2}(a_1' + a_2' \pm 180°) \tag{2-30}$$

转动照准部微动螺旋，使水平度盘读数为正确读数。此时，视准轴偏离原目标点 P。放松上、下校正螺丝，使十字丝环能够移动，将十字丝环的左、右两校正螺丝一松一紧，使其对准 P 点。最后，将各校正螺丝旋紧。

(4) 横轴应垂直于竖轴。

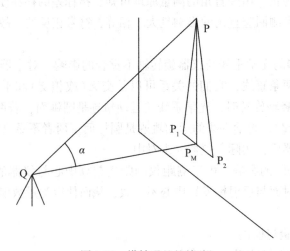

图 2-23 横轴误差的检验

检验:如图 2-23 所示,在距离一高墙近处安置仪器,以盘左位置照准墙面高处的一固定点 P(视线尽量正对墙面,其仰角应大于 30°)。固定照准部,然后放平望远镜,指挥一组员在墙面上定出 P_1 点;同样,以盘右位置照准该点,放平望远镜,在墙面上定出 P_2 点。取 P_1、P_2 的中点为 P_M,用小钢尺丈量 P_1、P_2 两点间的距离,再用全站仪测得仪器至墙面的距离 QP_M,则 P 至 P_M 的距离为 $QP_M \times \tan\alpha$,于是横轴误差为:

$$i = \frac{1}{2} \frac{P_1 P_2}{QP_M \times \tan\alpha} \rho'' \tag{2-31}$$

一般规定:2″级仪器,i 角不应超过 15″;6″级仪器,i 角不应超过 20″,否则需进行校正。

校正:照准 P_M 点,固定照准部,向上转动望远镜,此时十字丝交点不再照准 P 点。抬高或降低横轴的一端,使十字丝的交点对准 P 点。此项检校也需反复进行,直至满足要求为止。仪器的横轴是密封的,一般情况下,能保证横轴与竖轴的垂直关系,测量人员仅需对此项轴线关系进行检验即可。如需校正,最好由仪器检修人员进行。

(5)竖盘指标差应为 0。

检验:安置仪器,分别用盘左、盘右照准与仪器大致同高的一固定目标,读取竖盘读数 L 和 R。按式(2-25)计算竖盘指标差。

一般规定:2″级仪器,竖盘指标差不应超过 16″;6″级仪器,竖盘指标差不应超过 20″。

校正:全站仪具有竖盘指标自动归零装置,有的仪器可对竖盘指标差进行自动校准(具体步骤详见仪器说明书),有的需送仪器检修部门进行检修。

(6)光学对中器的光学垂线应与仪器旋转轴重合。

检验:第一步,距光学对中器一定距离(如架设仪器的高度为 1.5m),在一个平板上设置一 A 点,使光学对中器分划板中心与之重合。然后,绕竖轴旋转光学对中器 180°,若对中器分划板中心仍与 A 点重合,则可以进行第二步检验;若分划板中心与另一点 B 重合,则应需进行第一步的校正,使分划板中心与 AB 的中点重合。第二步,改变 A 点距光学对中器的距离(如将平板向上移动,由 1.5m 缩短为 1.2m),进行与第一步相同的检验。若光学对中器旋转 180°后,分划板中心仍对准原来的点,则表明条件满足,否则需进行校正。

校正:光学对中器上可以校正的部件随仪器的类型而异,有的校正转向直角棱镜,有的校正分划板,有的则两者均可校正,工作时需视具体构造进行。

(7)加常数的简易测定。

图 2-24 加常数的测定

检验:如图 2-24 所示,在通视良好且平坦的场地上,设置 A、B 两点,AB 的长度大约为 200m。在 A 点安置仪器,照准 B 点后水平制动,将望远镜向下俯,指挥一组员定出 AB 的中间点 C。分别在 A、B、C 三点上安置三脚架和基座,高度大致相等并严格对中。将全站仪分别安置在上述三点上进行距离测量(观测时应使用同一棱镜,且应记录水平距离):全站仪在 A 点时,测量距离 S_{AC} 和 S_{AB};在 B 点时,测量距离 S_{BA} 和 S_{BC};在 C 点时,测量距离 S_{CA} 和 S_{CB}。分别计算 S_{AB}、S_{AC} 和 S_{BC} 的平均值,则加常数为

$$K = S_{AB} - (S_{AC} + S_{BC}) \tag{2-32}$$

校正:打开全站仪的菜单,找到设置加常数的界面(具体操作视菜单的设置不同而不同,可参见本教程第三部分的说明),根据计算的加常数对仪器内加常数的设置进行修改。

五、注意事项

(1)照准部水准管轴与竖轴垂直关系及十字丝竖丝与横轴垂直关系的检验,应绘图表示检验结果,再得出轴线关系的结论。

(2)严格按照操作规程进行作业,并注意进行检核,以便得出正确的结论。

实验十二　经纬仪测绘法测绘地形图

一、实验目的

(1)掌握地物特征点选择的方法。
(2)掌握利用经纬仪量角器测绘地形图的方法。

二、实验内容

利用经纬仪及量角器测绘地形图。

三、实验设备及材料

经纬仪及脚架、标尺、量角器、图板及脚架、小钢尺、直尺、图纸、计算器等。

四、实验要求

(1)正确选择地物特征点。
(2)利用经纬仪对特征点的位置进行观测(角度半测回,距离及高差测量1次)。
(3)利用量角器将所测特征点绘于图纸上(测图比例尺为1:500)。
(4)应参与实验的每个环节(观测、记录、计算、绘图)。
(5)按地形图图式要求将其绘制成地形图。

五、实验步骤

1. 地物特征点的选择

在地形图上能依比例尺表示的地物,其特征点应选择在决定地物形状的轮廓线的转折点、交叉点和弯曲点上,如建筑物的房角点、道路边线的转点等;不能依比例尺表示的地物,其特征点应选择在地物的中心点上;如井盖、水箅子、控制点等;在地形图上只能表示长度而不能表示宽度的地物,其特征点应选择在地物中心线上的转折点及交叉

点上，如围墙、狭窄的小路等。

2. 测图前的准备工作

如图 2-25 所示，选择一测站点 O，安置经纬仪，并量取仪器高 i（仪器中心至测站点的铅垂距离，量至 5mm）。盘左，照准定向点 A，设置水平度盘读数为 0°00′。将控制点（A、O、B）按坐标绘制于图纸上（无控制点坐标时，可假设测站点坐标及测站点与定向点的方位角）。在测站旁安置平板，并将图纸粘贴于图板上，在图上绘出测站点以及零方向线（测站点至定向点的连线）。转动图板，使图上方向与实地方向相对应。

3. 观测

在特征点上竖立标尺。盘左，照准标尺，上丝对准一整分米数，直读视距，并读取水平度盘读数、竖盘读数 L（读至分即可，无需读秒）及中丝读数。

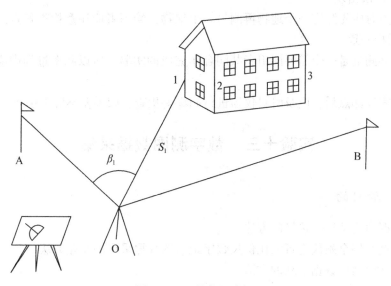

图 2-25 经纬仪测绘法

4. 计算

水平距离的计算：

$$S = l \times \cos^2\alpha \tag{2-33}$$

碎部点高程的计算：

$$H = H_0 + S \cdot \tan\alpha + i - v \tag{2-34}$$

以上两式中，l 为视距；$\alpha = 90° - L$ 为竖直角；H_0 为测站点的高程；i 为仪器高；v 为目标高（中丝读数）。

5. 绘图

转动量角器，使其上水平度盘读数与图上零方向线重合，再按水平距离定出碎部点的位置，在点位右侧标注其高程。

同法测出其余碎部点，绘出地物，并进行检查。

按地形图图式的要求描绘地物，并进行图面整饰。

六、注意事项

(1)本实验采用全站仪施测时,操作步骤与经纬仪相同。区别在于全站仪可直接显示平距、目标高为棱镜高。

(2)有检查点(图2-25中的B)时,测量碎部点前,应首先将其按碎部测量的方法测绘于图纸上,检查其与按坐标展绘位置的偏差,符合要求后再进行碎部点测量。

(3)小组成员轮流担任观测员、绘图员、记录员及立镜员等工作。

(4)绘图时,应注意量角器的正确使用,测完一点的数据后应立即计算,并将该点展绘到图纸上,发现有错误时,应立即查找原因,并进行重测。

(5)绘图时,应将图板上的方向与地面方向相对应,以随时检查点的相对位置是否正确,防止错误出现。

(6)测图时应先测完一个地物再测另一个地物,绘图者应注意检查各点之间的关系是否与实际相一致。

(7)碎部测量是一个需要同组者共同合作完成的实验,所以测图过程中应注意相互配合。

(8)测完碎部点后,应及时对仪器进行归零差检查,归零差不应大于4′。

实验十三 数字测图数据采集

一、实验目的

(1)掌握地物特征点选择的方法。
(2)掌握利用全站仪进行大比例尺数字地形图数据采集的作业方法。
(3)掌握全站仪数据下载的方法。

二、实验内容

利用全站仪进行大比例尺数字地形图数据采集。

三、实验设备及材料

全站仪及脚架、棱镜及棱镜架、小钢尺、数据线等。

四、实验要求

(1)正确选择地物特征点。
(2)利用全站仪对测站周围的特征点进行观测,同时绘制草图。
(3)将全站仪采集的数据下载至电脑。

五、实验步骤

1. 外业数据采集

立镜:在地形特征点上竖立棱镜(地物特征点的选择方法见实验十二)。

观测：①在测站点安置仪器，并量取仪器高。②打开全站仪，建立坐标文件：输入控制点(测站点及定向点)坐标。③设置测站：选择测站点，并输入仪器高。④定向：照准后视点，并进行定向。⑤坐标数据采集：照准特征点上的棱镜，修改棱镜高，测定其三维坐标并将其存入全站仪。

绘制草图：在草图上记录地形要素的名称、特征点的属性及连接关系等(图2-26)。

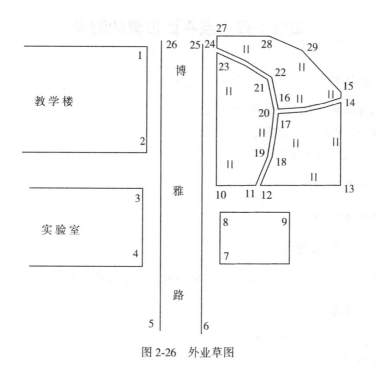

图2-26　外业草图

2. 数据下载

数据下载的方法有：①利用全站仪厂家提供的软件进行下载。②利用绘图软件的"下载全站仪数据"的功能进行下载。③利用蓝牙或 USB 接口直接将数据从全站仪拷贝至电脑。利用前两种方法下载数据时，需首先在全站仪上查看仪器的通讯参数(波特率、数据位、奇偶校验等)，用数据线将仪器与电脑相连，打开数据下载软件，设置电脑及软件的通讯参数与全站仪参数相同，将全站仪观测的数据下载至电脑。

六、注意事项

(1) 使用全站仪时应严格按操作规程进行，注意保护仪器。

(2) 测量时，注意将观测点数据存入内存中；为防止只测不存的情况，作业时可测量几个点后，检查项目/作业中所存点的数量。

(3) 外业观测时，观测员与绘草图人员要及时沟通点号，以便绘在草图上的点号与存入仪器的点号相对应。

(4) 草图的绘制应清晰易读，相对位置关系正确。

(5) 数据传输线连接仪器与电脑时，连接与拔出不要用力过猛，以免损坏。

(6)在全站仪向电脑传输数据时,若出现"数据文件格式不对"的提示,有可能的情形是:①数据通讯的通路有问题,电缆型号不对或计算机通讯端口不通;②全站仪两边通讯参数设置不一致;③全站仪中传输的数据文件中没有包含坐标数据。此时应查找原因,纠正后再行传输。

(7)小组成员应轮流操作,掌握在一个测站上进行数据采集各环节的操作方法。

实验十四 点平面位置的测设

一、实验目的

(1)熟悉各种测设方法的特点。
(2)掌握测设数据的计算方法。
(3)掌握测设点位的操作方法。

二、实验内容

测设点的平面位置。

三、实验设备及材料

全站仪及脚架、棱镜及棱镜架(或经纬仪和钢尺)、计算器等。

四、实验要求

(1)根据测区的实际情况合理地选择测设方法。
(2)测设数据计算无误。
(3)按选择的测设方法,准确地将点的平面位置测设于地面上。
(4)检查结果满足要求。

五、实验步骤

1. 熟悉各种测设方法的特点

(1)极坐标法。如图 2-27 所示,极坐标法是利用点位之间的边长和角度进行放样的方法,测设数据为角度和距离(图 2-27 中的 β 和 S_{AP})。

(2)直角坐标法。如图 2-28 所示,直角坐标法是利用点位之间的坐标增量及其直角关系进行点位放样的方法,它适用于控制网为建筑方格网的前提下。测设数据为待测设点与测站点的坐标差(图 2-28 中的 $|\Delta x_{AP}|$ 和 $|\Delta y_{AP}|$)。

(3)角度交会法。角度交会法也称为方向交会法(图 2-29),它是利用在两个已知点上测设角度得到相交的两条方向线,来确定待定点位的方法。测设数据为待定边与已知边之间的角度(图 2-29 中的 β_1 和 β_2)。

(4)距离交会法。如图 2-30 所示,距离交会法是利用待测设点与两已知点之间的距离关系放样点位的方法。它的测设数据是待定点至已知点的距离(图 2-30 中的 S_{AP} 和 S_{BP})。此方法适用于待测设点至已知点较近时,且要求地势平坦。

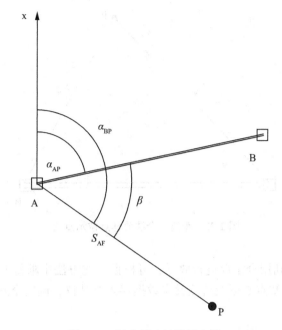

图 2-27　极坐标法放样示意图

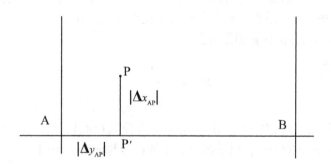

图 2-28　直角坐标法放样示意图

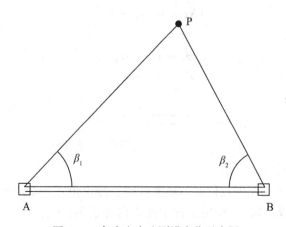

图 2-29　角度交会法测设点位示意图

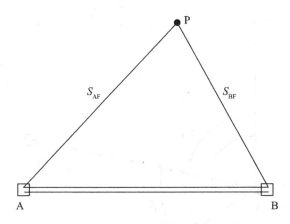

图 2-30　距离交会法放样点位示意图

(5) 全站仪法。利用全站仪进行放样，可根据上述方法中求得的距离和角度用相应方法进行；也可将已知点数据及待测设点数据存入全站仪，调用全站仪的放样程序，进行放样测量。

2. 现场察看已知点的位置

根据已知点和测设点坐标，大致判定测设点位置，根据现场地物地貌的分布情况，选择测设方法，并确定测站点；确定实验设备及小组人员分工。

3. 根据所选择的方法计算测设数据

(1) 极坐标法：

$$\beta = \alpha_{AP} - \alpha_{AB} \tag{2-35}$$

$$S_{AP} = \sqrt{(x_P - x_A)^2 + (y_P - y_A)^2} \tag{2-36}$$

式中，α_{AB} 及 α_{AP} 分别为 AB、AP 边的坐标方位角（由 A、B、P 三点的坐标反算而得），x_A、y_A 表示 A 点的坐标，以下各公式中的符号与此含义相同。

(2) 直角坐标法：

$$|\Delta x_{AP}| = |x_P - x_A| \tag{2-37}$$

$$|\Delta y_{AP}| = |y_P - y_A| \tag{2-38}$$

(3) 角度交会法：

$$\beta_1 = \alpha_{AB} - \alpha_{AP} \tag{2-39}$$

$$\beta_2 = \alpha_{BP} - \alpha_{BA} \tag{2-40}$$

(4) 距离交会法：

$$S_{AP} = \sqrt{(x_P - x_A)^2 + (y_P - y_A)^2} \tag{2-41}$$

$$S_{BP} = \sqrt{(x_P - x_B)^2 + (y_P - y_B)^2} \tag{2-42}$$

4. 测设点的平面位置

(1) 极坐标法：在 A 点架设仪器，照准 B 点，测设角 β，得到测站点至测设点的方向（测设时，注意测设方向）；将棱镜置于此方向并前后移动，当全站仪测得水平距离等于 S_{AP} 时，棱镜的竖立位置即为测设点的位置。

(2)直角坐标法：在 A 点架设仪器，照准 B 点，沿此方向测设水平距离 $|\Delta y_{AP}|$ 得过渡点 P′。将仪器搬至该点照准一已知点，测设 90°（注意测设的方向），得到 P′P 的方向；沿此方向测设水平距离 $|\Delta x_{AP}|$，即可得 P 点位置。

(3)角度交会法：将两台仪器分别架设于两已知点上，分别测设水平角（注意测设方向：一个顺时针，一个逆时针），得到两已知点至待测设点的方向，两方向线的交点即为所测设点的位置。

(4)距离交会法：取两根钢尺，使 S_{AP}、S_{BP} 的刻画线分别对准 A、B 两点，然后摆动两根钢尺，使其"0"刻画线相交，交点即为测设点（满足此项条件的点有两个，实际操作时注意测设方向）。

(5)全站仪法：建立坐标文件，将已知点坐标及待测设点坐标存入全站仪。仪器安置于测站点，量取仪器高。打开仪器的放样程序（Layout），进行测站点设置（直接调用之前输入仪器内的坐标，输入仪器高）；再进行后视点设置，确定方位角。点位放样，在文件中找到欲测设点，按仪器提示输入棱镜高，开始放样；照准棱镜，测量后仪器显示水平距离差值（dHd）和水平角差值（dHR）或显示坐标差（dX、dY、dZ）；移动棱镜，直至测量后所有差值为 0（或满足要求），竖立棱镜的位置即为待测设点的位置。

5. 对测设点位进行检查

点位应达到精度要求。否则应检查放样数据的计算及野外操作的正确性，对放样点位进行调整，至满足要求为止。

六、注意事项

(1)操作前应绘制测设略图，其上标明已知点与未知点的相对位置关系，测设时要注意方向，以免发生错误。

(2)标定点位时应仔细认真，注意校核。

第三部分　全站仪使用说明

一　南方 NTS312L 全站仪使用说明

一、仪器简介

1. 各部件名称

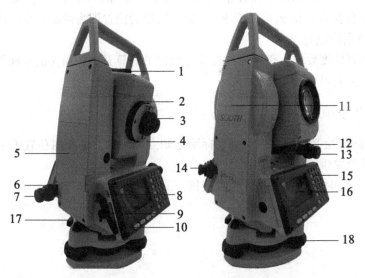

1—粗瞄器　2—物镜调焦螺旋　3—目镜调焦螺旋　4—望远镜把手　5—电池　6—水平制动螺旋
7—水平微动螺旋　8—USB 数据线接口　9—RS232 电缆接口　10—SD 卡插口　11—仪器中心标志
12—竖直制动螺旋　13—竖直微动螺旋　14—光学对中器　15—键盘　16—显示屏
17—轴座固定螺旋　18—脚螺旋

图 3-1　南方 NTS 312L 全站仪

2. 仪器的标称精度

测角：2″；测距：2mm+2ppm；最大测程：2km。

3. 显示屏与操作面板

（1）操作键。

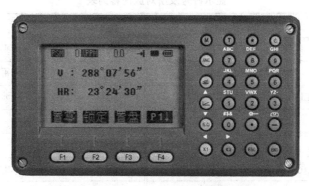

图 3-2　南方 NTS 312L 全站仪的键盘及显示屏

表 3-1　　　　　　　　　　操作键名称及功能列表

按键	名称	功　　能
ANG	角度测量键	进入测角模式
◺	距离测量键	进入测距模式
↥↦	坐标测量键	进入坐标测量模式（▲上移键）
S.O	坐标放样键	进入坐标放样模式（▼下移键）
K1	快捷键 1	用户自定义快捷键 1（◀左移键）
K2	快捷键 2	用户自定义快捷键 1（▶右移键）
ESC	退出键	返回上一级状态或返回测量模式
ENT	回车键	对所做操作进行确认
M	菜单键	进入菜单模式
T	转换键	测距模式转换
★	星键	进入星键测量模式或直接开启背景光
⏻	电源开关键	电源开关
F1-F4	软键（功能键）	对应于显示的软键信息
0-9	数字字母键盘	输入数字和字母
—	负号键	输入负号
.	点号键	开启或关闭激光指向功能、输入小数点

注：在星键测量模式下可以设置仪器测距时的目标是棱镜、反射片还是无棱镜，还可以在此模式下开关背光（再次按星键）。

（2）显示符号及所对应内容列表。

表 3-2　　　　　　　　　　显示符号及所对应内容列表

显示符号	内容	显示符号	内容
V	竖直角(竖盘读数)	HR	水平角(右角)
V%	竖直角(坡度显示)	HL	水平角(左角)
*	EDM(电子测距)正在进行	HD	水平距离
m/ft	米和英尺之间的转换	VD	高差
m	以米为单位	SD	斜距
S/A	气象改正与棱镜常数设置	N	北向坐标
PSM	棱镜常数(以 mm 为单位)	E	东向坐标
PPM	大气改正值	Z	高程

二、仪器的安置

安置过程与经纬仪相同，详见"实验六 经纬仪的认识与使用"。配有光学对中器的仪器，安置好仪器后再开机。配有激光对中的仪器，需在仪器连上三脚架后将其打开。

打开激光对中器的过程为：按★(星)键，仪器显示如图 3-3 所示：

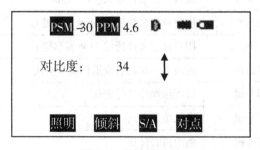

图 3-3　星键显示图

按F4(对点)键后，按F1(开)或F2(关)键，选择开关激光对中器。

三、角度测量

开机之后仪器即进入角度测量模式，或者在其他模式下按测角(ANG)键，也可进入该模式。

1. 水平角(右角)和竖直角测量

水平角测量与竖直角测量的方法详见实验七、实验八及实验九的相关内容。

2. 水平角右角(HR)/左角(HL)的切换

(1)按F4(P1↓)键两次转到第 3 页(P3↓)。

(2)再按F1(R/L)键。每次按F2键，HR/HL交替切换。

说明：水平角右角（HR），指水平度盘顺时针方向增大；相反，水平角左角（HL）指水平度盘逆时针增大。一般水平角测量时，均采用水平角右角状态进行，只有在一些特殊条件下放样时，才采用水平角左角。

3. 设置水平度盘读数（有两种设置方法）

（1）通过锁定角度值进行设置。松开水平制动螺旋，转动仪器到所需的读数（需要设置的数值与仪器显示的数值相差较远时，可将制动打开，直接旋转仪器；相差较近时，将制动锁住，旋转微动螺旋，使读数为欲设数值）。然后按 F2 （锁定）键，此时转动照准部，水平度盘的读数不变。旋转照准部，照准目标，最后按 F4 （是）键，完成水平度盘读数的设置。显示窗变为正常的角度测量模式。

（2）通过键盘输入进行设置。照准目标后，按 F3 （置盘）键，通过键盘输入预设的数值，按 ENT 键确认，显示屏回到正常的测角模式。

说明：按 F1 （置零）键，再按 F4 （是）键，可以直接将水平度盘读数设置为 0°00′00″。

4. 竖直角百分度（%）模式（坡度模式）转换

仪器处于角度测量模式：按 F4 （P1↓）键，再按 F3 （V%）键。

每次按 F3 （V%）键，垂直角与坡度显示模式交替切换。

5. 角度测量模式软键说明

表 3-3　　　　　　　　角度测量模式下各页显示符号说明表

页数	软键	符号	功　能　说　明
第 1 页（P1）	F1	置零	水平度盘读数置为 0°00′00″
	F2	锁定	锁定水平度盘读数
	F3	置盘	通过键盘输入，设置水平度盘读数（度与分秒之间用小数点间隔，分和秒先后写于小数点后，均占两位）
	F4	P1↓	显示第 2 页软键
第 2 页（P2）	F1	倾斜	设置倾斜改正开或关，若选择开则显示倾斜改正
	F2	----	------------------------------
	F3	V%	竖直角显示形式（竖直角和坡度等）的切换
	F4	P2↓	显示第 3 页的软键
第 3 页（P3）	F1	R/L	水平角（右角/左角）模式之间的切换
	F2	----	------------------------------
	F3	竖角	高度角/天顶距的切换
	F4	P3↓	显示第 1 页软键功能

四、距离测量

1. 距离测量的操作过程

照准目标,按测距(◁)键,仪器进入测距模式,显示斜距;再次按该键,可显示平距和高差。

从距离测量模式返回角度测量模式,可按 ANG (测角)键。

2. 距离测量模式转换(连续测量/单次测量/跟踪测量)

在测距模式下,按 F2 (模式)键,在连续测量([N])、单次测量([1])、跟踪测量([T])三个模式之间进行切换。

3. 气象参数设置

在测距模式下,按 F3 (S/A)键进入气象改正设置(预先测得测站周围的温度和气压),然后按 F3 (温度)键,执行温度设置。输入温度后,按 ENT 键确认。并按同样的方法对气压进行设置。确认后仪器会自动计算大气改正值。也可在进入气象改正设置后按 F2 (PPM)键,直接输入大气改正值。

4. 棱镜常数设置

在测距模式气象改正设置的界面,按 F1 (棱镜)键,输入棱镜常数后按 ENT 键确认。

5. 各页显示符号说明

表 3-4　　　　　　　　　　测距模式下各页显示符号说明表

页数	软键	符号	功　　　能
第 1 页 (P1)	F1	测量	启动测量
	F2	模式	设置测距模式(单次精测、连续精测或连续跟踪)
	F3	S/A	温度、气压、棱镜常数等设置显示
	F4	P1↓	第 2 页软键功能
第 2 页 (P2)	F1	偏心	进入偏心测量模式
	F2	放样	距离放样模式
	F3	m/ft	米与英尺的单位转换
	F4	P2↓	显示第 1 页软键功能

五、坐标测量模式

输入测站点坐标、仪器高、棱镜高和后视坐标方位角后,用坐标测量功能可以测量目标点的三维坐标。

1. 设置测站点坐标

按 ↰↱(坐标测量)键,进入坐标测量模式,按 F4 (P1↓)键转到第二页,然后按 F3 (测站)键,输入测站点的 N(X)坐标,按 ENT 回车确认;按同样方法输入 E(Y)坐标和 Z(H)坐标数据,显示窗回到坐标测量显示状态。

2. 设置仪器高

在坐标测量模式下,按 F4 (P1↓)键,转到第 2 页,按 F2 (仪高)键,仪器显示当前数值,输入仪器高,按 ENT (回车)键确认,返回坐标测量界面。

3. 设置棱镜高

在坐标测量模式下,按 F4 (P1↓)键,转到第 2 页,按 F1 (镜高)键,仪器显示当前数值,输入棱镜高,按 ENT (回车)键确认,返回坐标测量界面。

4. 设置后视方向的方位角

照准后视点,设置水平度盘读数为该方向方位角(具体方法详见水平角测量中设置水平度盘读数的相关内容)。

5. 坐标测量

照准目标,按 ↰↱(坐标测量)键,仪器测量水平角和距离后,计算目标点的坐标并显示于显示屏上。

6. 各页显示符号说明

表 3-5 **坐标测量模式下各页显示符号说明表**

页数	软键	符号	功　　能
第 1 页 (P1)	F1	测量	启动测量
	F2	模式	设置测距模式(单次精测、连续精测或连续跟踪)
	F3	S/A	温度、气压、棱镜常数等设置
	F4	P1↓	显示第 2 页软键功能
第 2 页 (P2)	F1	镜高	设置棱镜高度
	F2	仪高	设置仪器高度
	F3	测站	设置测站坐标
	F4	P2↓	显示第 3 页软键功能
第 3 页 (P3)	F1	偏心	进入偏心测量模式
	F2	后视	设置后视点信息
	F3	m/ft	米与英尺的单位转换
	F4	P3↓	显示第 1 页软键功能

二 南方 NTS302H 全站仪使用说明

一、仪器简介

1. 各部件名称

1—粗瞄器 2—物镜调焦螺旋 3—仪器中心标志 4—目镜调焦螺旋 5—竖直制动螺旋
6—竖直微动螺旋 7—管水准器 8—光学对中器 9—圆水准器 10—脚螺旋 11—电池
12—显示屏 13—操作面板 14—水平制动螺旋 15—水平微动螺旋 16—轴座固定螺旋

图 3-4 南方 NTS 302H 全站仪

2. 仪器的标称精度
测角精度：2″；单棱镜测程：1.2km；测距精度：2mm+2ppm。

3. 显示屏与操作面板

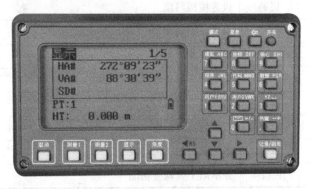

图 3-5 南方 NTS 302H 全站仪的显示屏及操作面板

(1) 操作键。

表 3-6　　　　　　　　　　　　操作键及功能列表

按键	名称	功　　能
开关	开关键	电源开关
☼	背景照明开关	打开背景照明
菜单	菜单键	显示菜单功能(包括10项)
模式	模式改变键	在字母(屏幕右上角显示A)和数字(屏幕右上角显示1)的输入中进行切换(在基本测量屏中调用快速代码模式)
记录/回车	记录/回车键	接受输入或记录数据；在基本测量屏中按此键1秒钟，可选择数据位置
取消	取消键	返回上一屏；取消输入数据
测量1	第一个测量键	根据该键测量模式的设置，进行测距。按此键1秒钟，可查看和修改此测量模式
测量2	第二个测量键	同测量1键
显示	换屏显示键	可切换显示屏幕。按住此键1秒钟，可进行客户化项目设置
角度	测角键	显示测角菜单
用户1 STU / 1	自定义键1	执行赋予自定义键1的测量功能；输入数字1或字母S、T、U
用户2 VWX / 2	自定义键2	执行赋予自定义键2的测量功能；输入数字2或字母V、W、X
YZ⏎ / 3		输入数字3或字母Y、Z或空格
程序 JKL / 4	程序键	显示附加的测量程序菜单；输入数字4或字母J、K、L
代码 MNO / 5	代码键	打开代码(CD)输入窗口；输入数字5或字母M、N、O
数据 PQR / 6	数据键	根据设置，显示原始数据、坐标数据等；输入数字6或字母P、Q、R
建站 ABC / 7	建站键	建站菜单；输入数字7或字母A、B、C
放样 DEF / 8	放样键	显示放样菜单，按此键1秒，显示与放样有关的设置；输入数字8或字母D、E、F
热键 -+ / .	热键	显示热键菜单；输入-、+、-
✉ */= / 0	电子气泡键	显示电子气泡；输入＊、/、=、0
◀BS	左移键	删除光标左侧字符
▶	右移键	向右移动光标
▲或▼	翻页键	各屏幕间切换显示

说明：进入字母输入模式时，每一按键上定义有三个字母，每按一次，光标位置处将显示出其中一个字母。

(2)显示符号及其所对应的内容。

表 3-7　　　　　　　　　　　显示符号及所对应内容列表

显示符号	内容	显示符号	内容
VA	竖直角(竖盘读数)	V%	坡度
HA	水平角	HL	水平角(左角)：360°-HA
AZ	方位角	HD	水平距离
VD	高差	SD	斜距
N	北向坐标	PT	点名
E	东向坐标	HT	棱镜高
Z	高程	CD	编码
*	正在测距	PSM	棱镜常数(以 mm 为单位)
m	以米为单位	PPM	大气改正值
HI	仪器高	ST	测站点
BS	后视点		

二、仪器安置与开机

仪器安置过程与经纬仪的安置相同(详见"实验六 经纬仪的认识与使用")。安置好仪器后，按电源开关键，开机。此时仪器提示"竖直角过零"，打开竖直制动螺旋，将望远镜绕横轴在竖直方向旋转两周，仪器进入常规测量模式。

三、角度测量

角度测量的方法见实验七、实验八和实验九的相关内容。多测回观测需设置水平度盘读数时，按 角度 键，显示角度测量的菜单如图 3-6 所示：

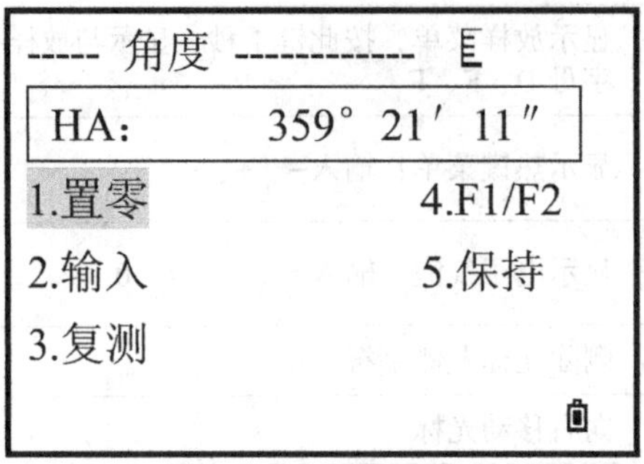

```
----- 角度 -----------
HA:      359° 21′ 11″
1.置零            4.F1/F2
2.输入            5.保持
3.复测
```

图 3-6　南方 NTS 302H 全站仪的角度测量菜单

若需要将当前方向的水平度盘读数设置为0°00′00″,则按1(置零)键。

若设置其他数值,可以有两种操作方法:

(1)按2(输入),输入当前方向应设置的度盘读数。

(2)旋转照准部,找到需要设置的数值,按5(保持)。再旋转照准部,水平度盘读数不变,照准目标后按回车键。

角度测量菜单的另外两个功能是:

"3. 复测":用于累计角度重复观测值,显示角度总和以及全部观测角的平均值,同时记录观测次数。

"4. F1/F2":照准目标按测量1或测量2键(若不测距可省略),再按4(F1/F2)后,按仪器提示转到另一个盘位(F1为盘左、F2为盘右),照准同一目标点,按回车键,系统计算出F1/F2观测结果(距离取平均值,角度取差值),若对结果满意,则按确认键,否则按取消键,屏幕返回测量基本界面。

四、距离测量/常规测量

常规测量的界面如图3-7所示:

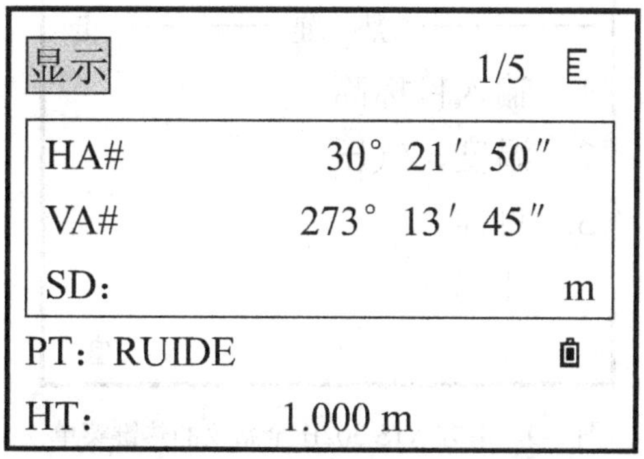

```
┌─────────────────────────────┐
│ 显示              1/5    E  │
├─────────────────────────────┤
│ HA#        30° 21′ 50″     │
│ VA#       273° 13′ 45″     │
│ SD:                      m  │
│ PT: RUIDE                🔋 │
│ HT:         1.000 m         │
└─────────────────────────────┘
```

图3-7 南方NTS 302H全站仪的常规测量界面

1. EDM设置

按住测量1或测量2键一秒钟,可分别进入各自的测量设置界面。以设置"测量1"为例,其界面显示如图3-8所示:

按▲或▼键将光标移到待修改项目后,再按▶或◀键改变选项。设置完毕,按回车键,保存设置并返回到上一屏幕。

说明:测量设置中各项目的选项包括:①目标:棱镜;②常数:直接输入棱镜常数值;③模式:精测单次、精测2次(3次/4次/5次)、精测连续、跟踪测量;④记录(回车记录、自动记录、仅测量):若选择"回车记录",在记录数据前,总要出现"记录点"屏幕,提示用户检查确认;若选择"自动记录",程序会用缺省的点名进行自动记录,

55

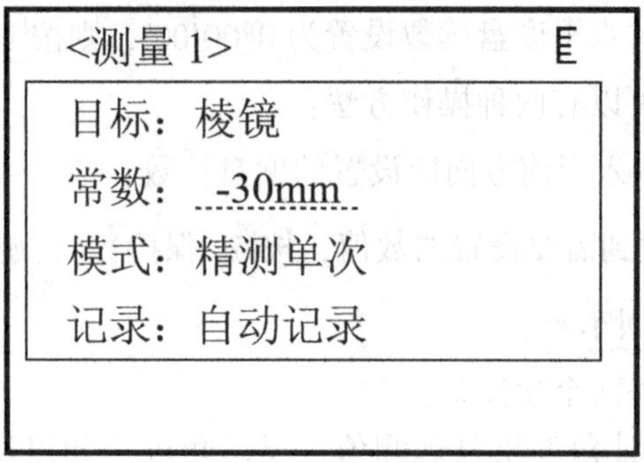

```
        <测量1>                E
        目标：棱镜
        常数： -30mm
        模式：精测单次
        记录：自动记录
```

图 3-8　南方 NTS 302H 全站仪的 EDM 设置界面

并返回基本测量屏幕；"仅测量"是缺省的记录模式，在测量结束后，停在基本测量屏幕，等待用户按 回车 键记录该点。

2. 热键设置

热键的设置包括目标高、温度与气压、选择目标与输入注记功能。在任一观测屏幕下均可使用。

设置过程为：按 热键 ，打开热键菜单，如图 3-9 所示：

图 3-9　南方 NTS 302H 全站仪的热键菜单

按数字进入相应设置功能进行设置即可。

3. 开始测量

所有设置完成后，即可在照准目标棱镜中心后按 测量1 或 测量2 键开始测量（测距时会显示当前使用的棱镜常数）。测量结果分 4 页显示（如果设置了第二单位会增加一页显示），包含了所有常规测量的所有数据，按 ▲ 或 ▼ 键翻页显示。

五、坐标测量

1. 手工输入坐标

在计算菜单中按数字 5 （或用 ▼ 键移至 5 后按 回车 键）进入输入坐标功能。

用数字键输入坐标，按 回车 键或在每一行按 ▼ 键，直至点的坐标输入完毕。

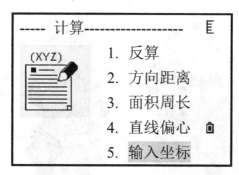

图 3-10　南方 NTS 302H 全站仪的手工输入坐标界面

然后在基本测量界面，按 [建站ABC/7] 键进入建站菜单。

2. 输入测站信息

在建站菜单按 [1] 键进入测站设置，输入点名并回车，再输入坐标值及仪器高（HI）后回车。若需重新输入已知点名，则需要按 [▲] 键，将光标移至点名栏，重新输入即可。

3. 设置后视方向的方位角

设置测站点信息后，选择定义后视的方法（1. 坐标；2. 角度）。选择 1 时，需要在输入点号（该点号应已经输入仪器的内存中）及仪器高（HI）之后照准后视点并进行距离测量；选择 2 时，输入后视点的点名（注意，若后视点是内存中的已知点，程序会自动调用该点的坐标），照准后视方向后在 BS 栏输入测站至后视的方位角，然后按 [回车] 键。

4. 坐标测量

照准待测点上的棱镜，直接按 [测量1] 或 [测量2] 键，进行测量，按 [▲] 或 [▼] 键可翻页显示测量的坐标值。

三　Leica TC307 全站仪使用说明

一、仪器简介

1. 各部件名称
2. 仪器技术指标

测角精度：7″；测距精度：2mm+2ppm；最大测程：5.4km。

3. 显示屏及操作面板

说明：仪器操作键具有一键双重功能：直接按下该键可以实现其第一功能；先按 [SHIFT] 键，再按该键，可以实现其第二功能。光标键：在输入和编辑方式中，控制光标条；其第二功能可以翻页显示（PgDn 或 PgUp）或插入字符（INS）。

（1）操作软键。操作软键显示及用途如表 3-8 所示。

1—仪器中心标志　2—电源开关　3—热键　4—水平微动螺旋　5—脚螺旋　6—粗瞄器
7—物镜调焦螺旋　8—目镜调焦螺旋　9—竖直微动螺旋　10—显示屏　11—电池盒
12—操作键　13—轴座固定螺旋　14—圆水准器

图 3-11　Leica TC307 全站仪

1—软按键　2—第二功能键　3—第一功能键　4—页码　5—光标键

图 3-12　Leica TC307 全站仪的操作界面

表 3-8　　　　　　　　　　Leica TC307 的操作软键显示及用途表

按键标识	名称	用途
ALL	测存键	测量并记录
DIST	测距键	测量之后显示观测值
EDM(SHIFT+DIST)	测距设置	设置测距的模式
USER	自定义键	用户自定义测量模式
FNC(SHIFT+USER)	快速测量	快速进入定义的测量功能
PROG	程序键	调出应用程序
MENU(SHIFT+PROG)	菜单键	进入菜单
▱T	对中整平键	电子水准器与激光对中器开关
☀	照明开关键	显示屏照明开关

续表

按键标识	名称	用途
SHIFT	第二功能键	实现按键的第二功能
ESC(SHIFT+CE)	退出键	返回上一级对话框
CE	清除键	清除字符/输入栏；停止测距
↵	回车键	确认输入及操作

（2）LeicaTC307 显示符号及其所对应的内容。

表 3-9　　　　　　　　　　**LeicaTC307 显示符号说明**

显示符号	内容	显示符号	内容
Hz	水平度盘读数	X0	测站点 X 坐标
V	竖直度盘读数	Y0	测站点 Y 坐标
SD	斜距	H0	测站点高程
HD	平距	X(N)	目标点 X 坐标
dH	高差	Y(E)	目标点 Y 坐标
Hi	仪器高	H	目标点高程
Hr	棱镜高	ppm	大气改正值

二、仪器安置

仪器安置过程与经纬仪安置相同，详见"实验六 经纬仪的认识与使用"。
此仪器配有激光对中器与电子水准器，开机后按 ▭（对中整平）键可以将其打开。安置完成后，按 ESC 键，退出。

三、角度测量

仪器处于常规测量模式，显示第一页。
1. 水平角和竖直角测量
水平角和竖直角的测量方法详见实验七、实验八与实验九。
2. 设置水平度盘读数
设置为 0：照准目标，移动光标至[置零]软按键上，按[回车]键确认。
设置为任意数值：照准目标，移动光标到[设置]软按键上，按[回车]键确认。按 PgDn 键翻页，在第二页移动光标到[BsBrg]，输入角度值。按回车键确认。

四、距离测量

1. 距离测量
仪器处于常规测量模式照准棱镜中心，按 DIST（测距）键，1/3 页显示平距（HD），

2/3 页显示高差(dH)和斜距(SD)。

2. 测距设置

在常规测量模式下，按 SHIFT + DIST 进入测距设置模式，可以设置的选项有：

Laser Point(激光投点)：OFF(关闭可见激光束)，ON(打开可以投射到目标点上的可见的红色激光束)。

EDM Mode(测距类型)：根据选择测距类型的不同应选择不同的反射棱镜，测距的精度也不同，详见表 3-10 说明。

表 3-10　　　　　　　　　　　　**LeicaTC307 EDM 设置**

测距类型	说　明	精度
IR-FINE	用反射棱镜红外精密测量	2mm+2ppm
IR-FAST	快速测量	5mm+2ppm
IR-TRACK	连续跟踪测量	5mm+2ppm
IR-TAPE	对反射片测量	5mm+2ppm

Prism Const(棱镜常数)：输入棱镜常数。

PPM(气象改正参数)：将光标移至[ppm]软按键，按回车键确认，可进行气象改正参数的设置。设置内容包括：Pressure(气压)、Ht. a. MSL(海拔高)、Temperature(温度)、Atmos PPM(直接输入气象改正值)。

五、坐标测量

1. 测站设置

仪器处于常规测量模式，将光标移至[设置]软按键上，回车确认。在测站设置的第一页移动光标到[Stn]，输入测站点号，确认。再移动光标到[hi]，输入测站的仪器高，回车确认。移动光标到[置坐标]，回车后，依次输入测站点的坐标 X0、Y0、H，回车确认。

2. 设置后视方向的水平度盘读数

按 PgDn 键，进入测站设置的第二页，照准后视点，移动光标到[BsBrg]，输入测站点到定向点的方位角，回车确认。

3. 设置棱镜高

在常规测量的第二页，将光标移至[hr]，输入待测点的棱镜高，回车确认。

4. 坐标测量

照准待测目标点的棱镜中心，按 DIST 键，进行测距。之后按 PgDn 键，显示该点的所有测量数据，包括 Hz、V、HD；dH、SD；X/N、Y/E、H。仪器照准其他棱镜中心，按 DIST 键即可得到其他点的测量数据。

六、补充(输入符号说明)

在输入数据时，需用 ▲ 或 ▼ 键选择要输入的字符/数字，之后用 ▶ 确认所选的字符，该字符移至左边。用 CE 键可以清楚一个字符/数字。SHIFT + CE 可以删除已编辑的数值存储之前的数值，并退出编辑方式。用 SHIFT + ◀ 键可在光标的右侧插入一个字符。

四　Leica TC600 全站仪使用说明

一、仪器简介

1. 各部件名称

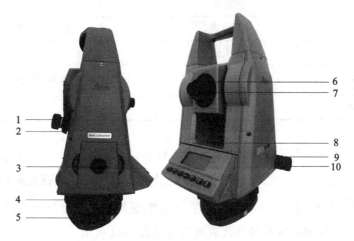

1—水平微动螺旋　2—水平制动螺旋　3—电池盒　4—轴座固定螺旋　5—脚螺旋
6—物镜调焦螺旋　7—目镜调焦螺旋　8—圆水准器　9—水平微动螺旋　10—水平微动螺旋

图 3-13　Leica TC600 全站仪

2. 主要技术指标

测角精度：5″；测距精度：2mm+2ppm；最大测程：4km。

3. 显示屏及操作面板

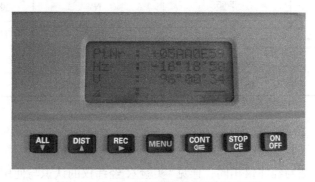

图 3-14　Leica TC600 全站仪的操作界面

(1) 操作键。

表 3-11　　　　　Leica TC600 全站仪操作键名称及作用说明表

操作键	名称	作用
ALL	测存键	测量并存储数据
DIST	测量键	测量并显示数据
REC	记录键	将测量结果进行储存
MENU	菜单键	进入仪器菜单
CONT	确认键	对输入的数据进行确认
STOP	停止键	
CE	返回键	返回上一界面
ON/OFF	开关键	仪器开关
☼	照明键	显示屏照明开关
▲▼▶	光标移动键	移动光标至编辑位置

(2) 仪器显示符号及所对应的内容。仪器显示屏每页可显示 4 行数据，每页显示的内容和顺序可以进行编辑：按 MENU 键，再按 ▶ 键，然后按 ▼ 键光标移至 DSP（显示屏设置），按 ▶ 键进入仪器的显示屏设置，用 ▼ 键翻页，选定显示项目后按 CONT 键确认并退出。显示屏显示的符号及代表的内容见表 3-12 所示。

表 3-12　　　　　Leica TC600 全站仪显示符号说明表

显示符号	内容	显示符号	内容
Hz	水平角	N0	站点北(X)坐标
V	垂直角(天顶距)	E0	站点东(Y)坐标
◸	斜距	H0	站点高程
◿	平距	N	测点北(X)坐标
◹	高差	E	测点东(Y)坐标
hi	仪器高(m)	H	测点高程
hr	棱镜高(m)	ppm	气象改正

二、仪器安置

仪器的安置方法与经纬仪相同，详见"实验六 经纬仪的认识与使用"。

此仪器配有电子水准器，将其打开的过程为：打开电源开关，仪器进入常规测量状态。按 MENU 键，再按 ▼ 键将光标移至[LEVEL]，按 ▼ 键。安置合格后，按 CE 键退出电子气泡。

三、角度测量

1. 水平角和垂直角测量

水平角和竖直角的测量详见实验七、实验八和实验九。

2. 设置水平度盘读数

设置为 0：按 MENU 键，再按 ▶ 键，然后按 ▼ 光标移至 Hz，按 ▶ 键，按 CONT 键两次确认并退出。

设置为任意数值：按 MENU 键，再按 ▶ 键，然后按 ▼ 光标移至 Hz，按 ▶ 键，转动仪器至所需角度值，按 CONT 键锁定该数值。照准目标，按 CONT 键，确定。

四、距离测量

1. 距离测量

显示屏处于距离显示状态，照准棱镜中心，按 DIST 键。

2. 棱镜常数和气象改正数的设置

按 MENU 键，再按 ▶ 键，然后按 ▼ 键将光标移至[SET] ppm/mm。按 ▶ 键，检查棱镜常数 mm 和大气改正值 ppm 是否正确：如正确按 CONT 键确认并退出；否则进行改正(改正方法：用 ▶ 键移动光标到所需更改的数字上，再用 ▼ 键进行更改，完成后按 CONT 键确认并退出)。

五、坐标测量

1. 测站设置

按 MENU 键，进入仪器菜单，再按 ▼ 键将光标移至[PROG]，然后按 ▶ 键两次进行测站设置：按 ▶ 键选择数据(坐标高程)的输入方式：从文件读入或键盘输入。按 ▼ 键移动光标输入测站点号(PtNr)和仪器高(hi)，输入完毕后按 CONT 键确认。仪器进入测站点坐标输入状态：显示测站点已有坐标值，按 ▶ 键移动光标并依次输入测站点的 Y，X，H，输入完毕后按 CONT 键确认。仪器显示测站点的坐标数据供检查，确认无误后按 CONT 键确认。否则按 CE 键重新输入。

2. 后视水平度盘读数的设置

参照水平角测量中设置度盘读数的方法设置后视的度盘读数。

3. 待测点号及棱镜高的设置

按 MENU 键，再按 ▶ 键两次，用 ▶ 键移动光标设置点号 PtNr (用 ▼ 键输入，用

MENU 键进行英文字母与数字输入的切换),输入完毕按 CONT 键确认。然后输入棱镜高 hr(方法同上)。输入完毕后按 CONT 键确认。

4. 坐标测量

照准待测点棱镜中心,按 DIST 键测距。即可得出待测点的方位角,距离及其坐标高程等数据,用 ▼ 键翻页,查看测量结果。

五 Leica TC402 全站仪使用说明

一、仪器简介

1. 各部件名称

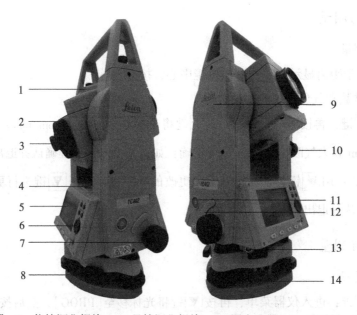

1—粗瞄器 2—物镜调焦螺旋 3—目镜调焦螺旋 4—圆水准器 5—显示屏 6—操作键
7—水平微动螺旋 8—轴座固定螺旋 9—仪器中心标志 10—竖直微动螺旋
11—电源开关 12—热键 13—数据线插口 14—脚螺旋

图 3-15 Leica TC402 全站仪

2. 仪器主要技术指标

测角精度:2″;精测测距精度 2mm+2ppm;一般气象条件下测程 7.5km。

3. 显示屏与操作面板

(1)操作键。在不同模式下软按键的功能不同,其具体功能显示在软按键功能指示区对应的位置,其余按键功能如表 3-13 所示。

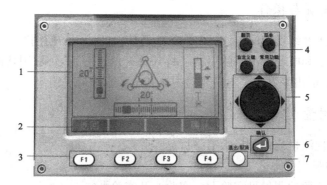

1—显示屏　2—软按键功能显示区　3—软按键　4—固定功能键
5—定位键　6—回车/确认键　7—取消/退出键

图 3-16　Leica TC402 的显示屏及操作面板

表 3-13　　　　　　　　　　Leica TC402 按键功能说明

名　称	用　途
翻页键	对话框有多页时，进行翻页显示
菜单键	进入仪器的菜单界面
自定义键	用户自定义其功能
常用功能键	进入测量工作快速执行功能
回车/确认键	确认输入或选择
退出/取消键	取消当前输入或退出当前界面
热键	可以有三种设置：测距、测存、关闭，在菜单的设置中配置

（2）显示符号及所对应的内容。

表 3-14　　　　　　　　　　Leica TC402 显示符号说明

符号	内容	符号	内容
Hz	水平度盘读数	X0	测站点 X 坐标
V	竖直度盘读数	Y0	测站点 Y 坐标
SD	斜距	H0	测站点高程
HD	平距	X(N)	目标点 X 坐标
dH	高差	Y(E)	目标点 Y 坐标
Hi	仪器高	H	目标点高程
Hr	棱镜高	ppm	大气改正值

二、仪器安置与操作

仪器的安置于经纬仪相同，详见"实验六 经纬仪的认识与使用"。

配有激光对中和电子水准器的仪器，将其打开的过程为：[常用功能]→[整平/对中]。安置完成后退出该界面，将激光对中器和电子水准器关闭。

三、角度测量

仪器处于常规测量模式，显示第一页。

1. 水平角和竖直角测量

水平角和竖直角的测量见实验七、实验八及实验九。

2. 设置水平度盘读数

在常规测量的第一页，然后按 F2 (置 HZ) 键，输入水平度盘需设置的数值，按回车键确认。

四、距离测量

1. 距离测量

仪器处于常规测量模式照准棱镜中心，按 F1 (测距) 键。

2. 测距设置

按 菜单 键，按 F3 (EDM) 键，进入 EDM 设置界面(图 3-17)，可以设置的选项有：

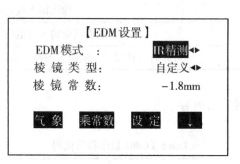

图 3-17 Leica TC402 EDM 设置界面

EDM 模式(测距类型)：根据选择测距类型的不同，选择不同的反射棱镜，测距的精度也不同，详见表 3-15 说明。

表 3-15　　　　　　Leica TC402 全站仪不同测距类型说明

测距类型	说　　明	精度
IR 精测	用反射棱镜红外精密测量	2mm+2ppm
IR 快速	快速测量	5mm+2ppm
IR 跟踪	连续跟踪测量	5mm+2ppm
IR-反射片	对反射片测量	5mm+2ppm

棱镜类型：选择不同的棱镜类型。

棱镜常数：在此输入棱镜常数。

按 F1 (气象)键，可以输入平均海拔、气象参数(包括温度、气压)或气象改正值。按 F2 (乘常数)键，可以输入测距乘常数。按 F3 (设定)键，返回菜单界面。按 F4 (↓)键，可以输入缩放因子。

五、坐标测量

1. 测站设置

仪器处于常规测量模式，按 F1 (测站)键，进入人工输入坐标的界面，输入点号和坐标值，按 F4 (设定)键，将测站坐标保存，然后将光标移至仪器高(若当前页面未显示，可通过翻页键来查找)，输入仪器高，然后按确认键保存。

2. 设置后视方向的水平度盘读数

仪器处于常规测量模式，按 F2 (置 Hz)键，输入后视方向的水平度盘读数。

3. 设置棱镜高

在常规测量界面，将光标移至棱镜高(若当前页面未显示，可通过翻页键来查找)，输入待测点的棱镜高，回车确认。

4. 坐标测量

照准待测目标点的棱镜中心，按 F1 (测距)键，进行测距。之后按 翻页 键，显示该点的所有测量数据，包括 Hz、V、HD；dH、SD；X/N、Y/E、H。

六、补充(输入符号说明)

输入 软按键，用于删除输入、显示数字/字符。闪烁的光标只是仪器在等待输入。F1—F3 用于选择字符/数字的范围或选择需要的字符，>>> 用于输入附加字符/编号。回车键用于确认输入，退出 键用于删除输入字符恢复原值。◀ 启动编辑模式，竖向编辑光标位于屏幕右侧。▶ 启动编辑模式，竖向编辑光标位于屏幕左侧。需要删除字符时，首先将光标置于要删除的字符上，然后按住 ▼ 键删除相关字符。

六　中海达 ATS-320R 全站仪使用说明

一、仪器简介

1. 各部件名称
2. 仪器的主要技术参数

测角精度：2″；单棱镜一般气象条件下测程 2km；测距精度 2mm+2ppm。

3. 显示屏与操作面板

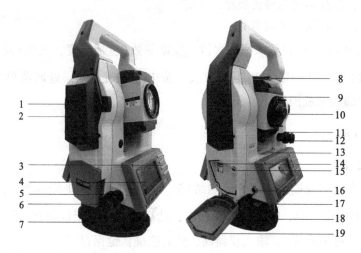

1—仪器中心标志　2—电池盒　3—操作面板　4—显示屏　5—水平制动螺旋　6—水平微动螺旋
7—轴座固定螺旋　8—粗瞄器　9—物镜调焦螺旋　10—目镜调焦螺旋　11—竖直制动螺旋
12—竖直微动螺旋　13—水准管　14—TF卡插槽　15—USB插口　16—RS232数据线插口
17—圆水准器　18—脚螺旋　19—卡槽护盖

图 3-18　中海达 ATS-320R 全站仪

图 3-19　中海达 ATS-320R 全站仪的显示屏及操作键

(1)操作键。

表 3-16　　　　　　　　中海达 ATS-320R 全站仪操作按键说明

按键	名称	功　能
ANG	测角键	在基本测量功能中进入角度测量模式。在其他模式下，光标上移或向上选取选择项
DIST	测距键	在基本测量功能中进入距离测量模式。在其他模式下，光标下移或向下选取选择项
CORD	坐标测量键	在基本测量功能中进入坐标测量模式。在其他模式下，光标右移、向后翻页或辅助字符输入

续表

按键	名称	功　　能
MENU	菜单键	在基本测量功能中进入菜单模式。在其他模式中光标右移、向后翻页或辅助字符输入
ENT	回车键	接受并保存对话框的数据输入并结束对话。在基本测量模式下具有打开/关闭直角蜂鸣的功能
ESC	退出键	结束对话框，但不保存其输入
开关	电源开关键	控制电源的开/关
F1~F4	软按键	不同情况下其含义不同，显示屏最下一行与其正对的翻转显示字符指明这些键的含义
0~9	数字键	输入数字和字母或选取菜单项
. ~ -	符号键	输入符号、小数点及正负号
★	星键	用于仪器若干常用功能的操作。凡有测距的界面，该键都进入显示对比度、夜照明、补偿器开关、测距参数和文件对话框

(2) 显示符号及所对应的内容。

表 3-17　　　　　　中海达 ATS-320R 全站仪显示符号说明

符号	内　　容
Vz	天顶距模式
V0	正镜时的望远镜、水平时为 0 的竖直角显示模式
Vh	竖直角模式（水平为 0，仰角为正，俯角为负）
V%	竖直角坡度模式
HR	水平角（右角）dHR 表示放样时角度的差值
HL	水平角（左角）
HD	水平距离，dHD 表示放样时平距的差值
VD	高差，dVD 表示放样时的高程差
SD	斜距，dSD 表示放样时的斜距差
N	北向坐标，dN 表示放样时北向坐标 N 之差
E	东向坐标，dE 表示放样时东向坐标 E 之差
Z	高程坐标，dZ 表示放样时高程坐标 Z 之差
m	以米为单位
Ft	以英尺为单位
Fi	以英尺与英寸为单位，小数点前为英尺，小数点后为百分之一英寸
X	点投影测量中沿基线方向上的数值，从起点到终点的方向为正

续表

符号	内容
Y	点投影测量垂直偏离基线方向上的数值
Z	点投影测量中目标的高程
Inter Feet	国际英尺
US Feet	美国英尺
MdHD	最大距离残差——衡量后方交会的结果

二、仪器的安置

仪器安置过程详见"实验六 经纬仪的认识与使用"。

配有激光对中器和水准气泡的仪器，将其打开的过程为：开机，按 ★ (星键)，再按 F2 (补偿)键，然后按 F1 (开)。安置完成后，退出该界面将其关闭。

三、角度测量

仪器开机或在其他模式下按 ANG (测角)键可以进入角度测量模式。

1. 水平角和垂直角测量

水平角和竖直角测量的过程详见实验七、实验八和实验九。

2. 设置水平度盘读数

设置为 0：按 F2 (置零)键，将水平度盘读数设置为 0，按 ENT (回车)键确认。

设置为任意数值时，有两种方法：

(1)在测角模式的第一页，按 F3 (置盘)键，输入水平度盘需设置的数值，按 ENT (回车)键确认。

(2)转动照准部，使水平度盘读数为欲设数值，在测角模式的第二页显示时，按 F1 (锁定)键，当再次旋转照准部时，水平度盘读数不发生变化，旋转照准部使其照准目标后再次按 F1 键，解除锁定功能。

角度测量的软键显示及其功能，见表3-18。

表3-18　中海达 ATS-320R 全站仪角度测量软按键说明表

页面	软键	显示符号	功能
1	F1	测存	将角度数据记录到选择的测量文件中
	F2	置零	将水平度盘读数设置为0
	F3	置盘	通过键盘输入设置水平度盘读数
	F4	P1/2	显示第二页

续表

页面	软键	显示符号	功能
2	F1	锁定	锁定水平度盘读数
	F2	右左	水平角右角/左角模式切换
	F3	竖角	竖直角显示方式(高度角/天顶距/竖直角/坡度)切换
	F4	P2/2	显示第一页

四、距离测量

1. 距离测量

按 $\boxed{\text{DIST}}$（测距）键，启动距离测量并显示斜距、平距和高差。

2. 设置气象参数及棱镜类型

按 ★ 键，仪器显示如图 3-20 所示。

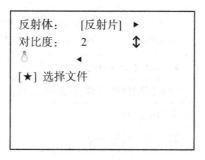

图 3-20 星键显示界面

按 ▶ 键可设置反射目标的类型。每按下 ▶ 键一次，反射目标便在棱镜/免棱镜/反射片之间进行切换。

按 $\boxed{\text{F4}}$（参数）键，可以对棱镜常数、PPM 值和温度气压进行设置，还可以在此查看回光信号的强弱，如图 3-21 所示。

说明：在此界面还可以设置仪器显示对比度、夜照明、补偿器开关、测距参数和文件选择等项目。

3. 选择测距模式

在测距显示的第一页，按 $\boxed{\text{F3}}$（模式）键，弹出选择测距模式的菜单，通过 ▲ 或 ▼ 光标键在单次/多次/连续/跟踪之间选择。移动至"多次"时，用 ◀ 或 ▶ 光标键在 3~9 之间选择多次测量的次数。

4. 设置加常数、乘常数

按 $\boxed{\text{MENU}}$（菜单）键，进入菜单界面；然后按 $\boxed{6}$（校正），进入校正界面；按 3（加常

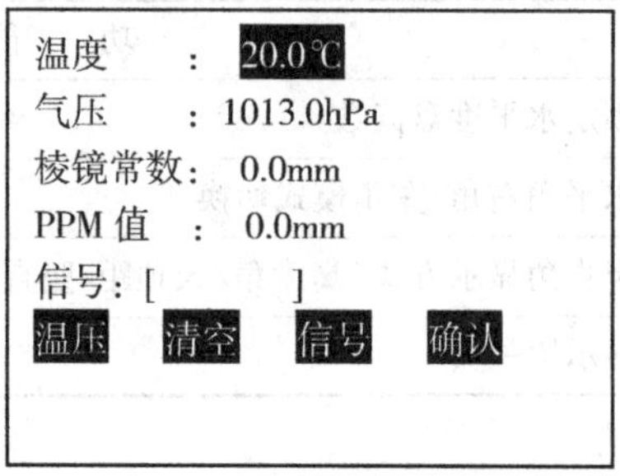

```
温度    : 20.0℃
气压    : 1013.0hPa
棱镜常数 : 0.0mm
PPM 值  : 0.0mm
信号: [        ]
温压  清空  信号  确认
```

图 3-21 测距参数设置界面

数/乘常数),输入正确数值即可。

测距模式下的软按键说明见表 3-19。

表 3-19　　　　中海达 ATS-320R 全站仪测距模式下的软按键说明

页面	软件	符号	功　　能
1	F1	测存	启动测距功能,将测量数据记录到相应的文件中(测量文件和坐标文件在数据采集菜单功能中选定或通过★键选择)
1	F2	测量	启动距离测量但是测量结果只显示不存储
1	F3	模式	设置测距模式(单次精测/N 次精测/重复精测/跟踪)
1	F4	P1/2	显示第二页
2	F1	偏心	启动偏心测量功能
2	F2	放样	启动距离放样
2	F3	m/f/i	设置距离单位(米/英尺/英尺·英寸)
2	F4	P2/2	显示第一页

五、坐标测量

按 CORD (坐标测量)键,进入坐标测量模式。

1. 测站设置

在坐标测量模式,第二显示页面下按 F3 (测站)键,进入人工输入坐标的界面。输入点号和坐标值,按 ENT (回车)键,将测站坐标保存。

2. 设置后视方向的水平度盘读数

在坐标测量模式,第二页显示页面下按 F2 (后视)键,进入人工输入后视点信息的界面。照准后视点,输入后视点坐标,按 ENT (回车)键确认。该操作也可在角度测量界面下通过设置后视方向的水平度盘读数实现。还可以在照准后视点后,在第三页面下

按 $\boxed{F3}$（置角）键，输入后视的方位角。

3. 设置仪器高和棱镜高

在坐标测量模式，第二页显示页面下，按 $\boxed{F1}$（设置）键，进入仪器高和棱镜高的输入界面，输入完成后按 $\boxed{ENT}$（回车）键确认，或按 $\boxed{ESC}$（退出）键返回。

4. 坐标测量

照准待测目标点的棱镜中心，按 $\boxed{F1}$（测存）键或 $\boxed{F2}$（测量）键。仪器测得水平角、竖直角及距离后，计算该点的坐标，并显示于显示屏上。

注意：单次测量或多次测量模式测量完成后，会出现保存点对话框（选择了"编辑点"），此时可以修改点名、编码、目标高的设置。$\boxed{ENT}$ 键将坐标信息保存到测量文件。★键将坐标信息同时保存到测量文件和坐标文件（见显示屏的提示），选择"不编辑"时，测存后直接按照当前的点名、目标高和代码保存数据，保存后点名+1。

坐标测量模式软按键说明见表3-20。

表3-20　　　　中海达 ATS-320R 全站仪坐标测量模式软按键说明

页面	软件	显示	功　　能
1	F1	测存	启动坐标测量，将测量数据记录到相应的文件中
1	F2	测量	启动坐标测量功能
1	F3	模式	设置测距模式（单次精测/N次复测/重复精测/跟踪）
1	F4	P1/3	显示第二页
2	F1	设置	设置目标高和仪器高
2	F2	后视	设置后视点的坐标，并设置后视角度
2	F3	测站	设置测站点的坐标
2	F4	P2/3	显示第三页
3	F1	偏心	启动偏心测量功能
3	F2	放样	启动放样功能
3	F3	置角	设置方位角（与角度测量模式的置盘功能相同）
3	F4	P3/3	显示第一页

六、补充说明

(1) 首次使用[测存]软按键时，如果没有进行过选取文件的操作，会出现"选择文件"对话框，用来选取测量数据的存储文件。

(2) 向仪器输入信息时，通过[数字]/[字母]软按键可以在两者之间进行切换。

(3) 用 $\boxed{ENT}$ 键可打开和关闭水平直角蜂鸣功能（在基本测量模式下都有效）。

(4)选取文件操作：菜单→1.数据采集→1.选择文件；也可以在基本测量功能中两次按 ★ 键来进行文件选择操作。仪器文件类型及其用途见表3-21。

表 3-21　　　　　　　　　　　**仪器文件类型及用途说明表**

文件后缀名	文件类型	用　　途
COO	坐标文件	调取坐标
COD	代码文件	调取代码
MEA	测量文件	存储数据
LSH	水平定线文件	道路放样
LSV	垂直定线文件	道路放样

工程测量实验报告

专业班级：_____

姓　　名：_____

学　　号：_____

实验小组：_____

实验教师：_____

目　　录

实验一　　水准仪的认识与使用 …………………………………………… 1
实验二　　普通水准测量 …………………………………………………… 3
实验三　　四等水准测量 …………………………………………………… 6
实验四　　水准仪的检验与校正 …………………………………………… 9
实验五　　电子水准仪的认识与使用 ……………………………………… 12
实验六　　经纬仪的认识与使用 …………………………………………… 14
实验七　　水平角测量（测回法） ………………………………………… 16
实验八　　水平角测量（方向法） ………………………………………… 18
实验九　　竖直角测量 ……………………………………………………… 21
实验十　　全站仪的认识与使用 …………………………………………… 23
实验十一　全站仪的检验与校正 …………………………………………… 25
实验十二　经纬仪测绘法测绘地形图 ……………………………………… 28
实验十三　数字测图数据采集 ……………………………………………… 30
实验十四　点平面位置的测设 ……………………………………………… 32

实验一　水准仪的认识与使用

一、实验日期：_____年___月___日　　天气：_____

二、实验目的：

三、实验设备：

四、基本操作步骤：

五、记录计算：

测点	中丝读数(m)		黑红面读数差 (mm)	上丝读数 (m)	下丝读数 (m)	视 距 (m)
	黑 面	红 面				
高差						

六、总结说明：

_____
_____

七、教师评语：

_____
_____
_____

实验二　普通水准测量

一、实验日期：_____年___月___日　　天气：_____

二、实验目的：

三、实验设备：

四、操作步骤：

五、记录与计算：

1. 水准测量记录表

测站	测点	后视读数（m）	前视读数（m）	高差（m）	上丝读数（m）	下丝读数（m）	视距（m）
	后						
	前						
	后						
	前						
	后						
	前						
	后						
	前						
	后						
	前						
	后						
	前						
计算检核	Σ						
精度计算		$f_h =$			$f_{h允} =$		

观测略图：

2. 内业计算表

测段编号	点名	距离 $L(m)$	测站数	实测高差 (m)	改正数 (m)	改正后高差 (m)	高程 (m)	备注
	Σ							
辅助计算	高差闭合差 f_h = m；高差闭合差的允许值 $f_{h允}$ = m							

六、总结说明：
___
___
___

七、教师评语：
___
___
___

实验三　四等水准测量

一、实验日期：_____年___月___日　　天气：_____

二、实验目的：

_____
_____
_____
_____

三、实验设备：

_____

四、操作步骤：

_____
_____
_____
_____
_____
_____
_____
_____
_____
_____
_____
_____
_____
_____
_____
_____
_____
_____
_____

五、记录与计算：
1. 数据记录表

测站编号	后视	下丝	前视	下丝	方向及尺号	标尺读数		$K+$黑减红	高差中数	备注
		上丝		上丝		黑面	红面			
	后视距		前视距							
	视距差 d		$\sum d$							
					后					
					前					
					后-前					
					后					
					前					
					后-前					
					后					
					前					
					后-前					
					后					
					前					
					后-前					
					后					
					前					
					后-前					
					后					
					前					
					后-前					
					后					
					前					
					后-前					

2. 数据计算表

测段编号	点名	距离 $L(m)$	测站数	实测高差（m）	改正数（m）	改正后高差(m)	高　程（m）	备　注
	Σ							
辅助计算	高差闭合差 $f_h =$　　　m；高差闭合差的允许值 $f_{h允} =$　　　m							

六、总结说明：

七、教师评语：

实验四　水准仪的检验与校正

一、实验日期：_____年___月___日　　天气：_____

二、实验目的：

_____
_____
_____
_____

三、实验设备：

_____

四、操作步骤：

_____
_____
_____
_____
_____
_____
_____
_____
_____
_____
_____
_____
_____

五、记录与计算：

1. 圆水准器轴应平行于仪器的旋转轴（L'L' ∥ VV）

　　整平后圆气泡的位置：　　　　　　　旋转 180°后圆气泡的位置：

　　结论：_____。

2. 十字丝横丝应垂直于仪器旋转轴的检验

　　仪器初始照准位置：　　　　　　　旋转微动螺旋后仪器的照准情况：

　　结论：_____。

3. 视准轴应平行于水准管轴的检验

测站编号	后视	下丝	前视	下丝	方向及尺号	标尺读数		K+黑减红	高差中数	备注
		上丝		上丝						
	后视距		前视距			黑面	红面			
					后					
					前					
					后-前					
					后					
					前					
					后-前					
计算										
观测略图										

结论：_____。

如需校正，仪器在第二测站，对远处水准尺的正确读数为：_____。

六、总结说明：
_____
_____
_____

七、教师评语：
_____
_____
_____

实验五　电子水准仪的认识与使用

一、实验日期：_____年___月___日　　天气：_____

二、实验目的：

三、实验设备：

四、操作步骤：

五、记录与计算：

测站	视距（m）		测点	标尺读数（m）		读数差（mm）	测站高差(m)
			后视	读 数 1	读 数 2	读数差 1	
	前视距	后视距	前视	读 数 1	读 数 2	读数差 2	
	视距差	累积差		高 差 1	高 差 2	高差之差	

六、总结说明：

七、教师评语：

实验六　经纬仪的认识与使用

一、实验日期：_____年___月___日　　天气：_____

二、实验目的：
_____
_____
_____
_____

三、实验设备：
_____

四、操作步骤：
_____
_____
_____
_____
_____
_____
_____
_____
_____
_____
_____
_____
_____
_____
_____
_____
_____
_____
_____

五、记录与计算：

测站	竖盘位置	目标	水平度盘读数 (° ′ ″)	水　平　角 (° ′ ″)
	盘左			
	盘右			

六、总结说明：

　

　

七、教师评语：

实验七　水平角测量(测回法)

一、实验日期：_____年___月___日　天气：_____

二、实验目的：

三、实验设备：

四、操作步骤：

五、记录与计算：

测站	竖盘位置	目标	度盘读数 (° ′ ″)	半测回角值 (° ′ ″)	一测回角值 (° ′ ″)	各测回平均值 (° ′ ″)	备注
	盘左						
	盘右						
	盘左						
	盘右						
	盘左						
	盘右						
	盘左						
	盘右						
	盘左						
	盘右						

六、总结说明：

七、教师评语：

实验八　水平角测量(方向法)

一、实验日期：＿＿＿＿年＿＿月＿＿日　　天气：＿＿＿＿

二、实验目的：

三、实验设备：

四、操作步骤：

五、记录与计算：

测站	方向	水平度盘读数		半测回 方向值 (° ′ ″)	一测回 平均方向值 (° ′ ″)	各测回 平均方向值 (° ′ ″)
		盘 左 (° ′ ″)	盘 右 (° ′ ″)			

续表

测站	方向	水平度盘读数		半测回方向值（°′″）	一测回平均方向值（°′″）	各测回平均方向值（°′″）
		盘 左（°′″）	盘 右（°′″）			

六、总结说明：

七、教师评语：

实验九　竖直角测量

一、实验日期：_____年___月___日　　天气：_____

二、实验目的：

_____
_____
_____
_____

三、实验设备：

_____

四、操作步骤：

_____
_____
_____
_____
_____
_____
_____
_____
_____
_____
_____
_____
_____
_____
_____
_____
_____
_____

五、记录与计算：

测站	目标	竖盘位置	竖盘读数 (°　′　″)	半测回角值 (°　′　″)	指标差 (′　″)	一测回角值 (°　′　″)	备注

六、总结说明：

_____
_____
_____
_____
_____

七、教师评语：

_____
_____
_____
_____

实验十　全站仪的认识与使用

一、实验日期：_____年___月___日　　天气：_____

二、实验目的：
_____
_____
_____
_____

三、实验设备：
_____

四、操作步骤：
_____
_____
_____
_____
_____
_____
_____
_____
_____
_____
_____
_____
_____
_____
_____
_____
_____

五、记录与计算：

水平角测量

测站	竖盘位置	目标	水平度盘读数 (° ′ ″)	半测回角值 (° ′ ″)	一测回角值 (° ′ ″)
	盘左				
	盘右				

竖直角测量

测站	目标	竖盘位置	竖盘读数 (° ′ ″)	半测回角值 (° ′ ″)	指标差 (′ ″)	一测回角值 (° ′ ″)	备注

距离测量

测站点	目标点	测次	倾斜距离(m)	水平距离(m)
		1		
		2		
		3		
		平均		

坐标测量

测站	点号	仪器高(m)	X坐标(m)	Y坐标(m)	高程 H(m)

后视	点号	后视方向坐标方位角(° ′ ″)			

测点	点号	棱镜高(m)	X坐标值(m)	Y坐标值(m)	高程 H(m)

六、总结说明：

七、教师评语：

实验十一　全站仪的检验与校正

一、实验日期：_____年___月___日　　天气：_____

二、实验目的：
_____
_____
_____
_____

三、实验设备：
_____

四、操作步骤：
_____
_____
_____
_____
_____
_____
_____
_____
_____
_____
_____
_____
_____
_____
_____
_____
_____
_____
_____

五、记录与计算：

1. 照准部水准管轴垂直于竖轴的检验（LL⊥VV）

整平后照准部水准管气泡的位置： 旋转180°之后照准部水准管的位置：

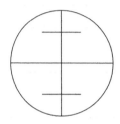   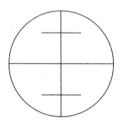

结论：_____

2. 十字丝竖丝应垂直于横轴的检验

用横轴的一端照准一点的位置： 用微动将该点移至另一侧的情况：

结论：_____

3. 视准轴垂直于横轴的检验（CC⊥HH）

盘位	水平度盘读数 （ ° ′ ″）	2C (″)
盘左		
盘右		

结论：_____

4. 横轴垂直于竖轴的检验（HH⊥VV）

仪器至墙面的水平距离 QP_M =____ m；照准P点的竖直角：____ ° ′ ″；

P_1、P_2 两点之间的距离：_____ m。

则 i =

5. 竖盘指标差的检验（$x=0$）

盘位	竖直度盘读数 （ ° ′ ″）	指标差 (″)
盘左		
盘右		

6. 光学对点器的检验

位置 1 光学对中器对中后,
照准部旋转 180°后的对中情况:
情况:

位置 2 光学对中器对中后,
照准部旋转 180°后的对中

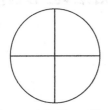

结论: _____

7. 全站仪加常数的测定

测站点	目标点	水平距离(m)	测段	平均值(m)
A	B		AB	
	C			
B	A		AC	
	C			
C	A		BC	
	B			

全站仪加常数 = _____

六、总结说明:
_____
_____
_____

七、教师评语:
_____
_____
_____

实验十二　经纬仪测绘法测绘地形图

一、实验日期：_____年___月___日　　天气：_____

二、实验目的：

三、实验设备：

四、操作步骤：

五、记录与计算：

碎部测量记录

测站点：_____；X：_____ m；Y：_____ m；H：_____ m；$i=$_____ m

后视点：_____；测站点至后视点的方位角：_____ °_____ ′_____ ″

测点点号	目标高（m）	视距（m）	竖盘读数（° ′）	竖直角（° ′）	水平角（° ′）	水平距离（m）	高差（m）	高程（m）

六、总结说明：

_____

_____

七、教师评语：

_____

_____

实验十三　数字测图数据采集

一、实验日期：_____年___月___日　　天气：_____

二、实验目的：
_____
_____
_____
_____

三、实验设备：
_____

四、操作步骤：
_____
_____
_____
_____
_____
_____
_____
_____
_____
_____
_____
_____
_____
_____
_____
_____
_____
_____

五、总结说明:
_____
_____
_____
_____

六、教师评语:
_____
_____
_____

实验十四　点平面位置的测设

一、实验日期：_____年___月___日　　天气：_____

二、实验目的：

_____
_____
_____
_____

三、实验设备：

_____

四、测设方法的选择：

_____

五、实验数据：

	点号	X 坐标(m)	Y 坐标(m)
已知点			
待测设点			

测设略图：

六、测设数据的计算：

边	坐标增量		水平距离 (m)	坐标方位角 (° ′ ″)
	ΔX(m)	ΔY(m)		
—				
—				
—				
—				
—				
—				
—				
—				

七、点位测设：

八、检查：

测站	目标	水平距离		
		测量值(m)	计算值(m)	差值(mm)

测站	目标	水平度盘读数 (° ′ ″)	水平角 (° ′ ″)	计算值 (° ′ ″)	差值 (″)

九、总结说明：

十、教师评语：